사
계
절

살
림

사계절 살림

—

2018년 12월 14일 1판 1쇄 인쇄
2021년 02월 22일 1판 3쇄 발행

—

지은이 오선미(누피)
펴낸이 이상훈
펴낸곳 책밥
주소 03986 서울시 마포구 동교로23길 116 3층
전화 번호 02-582-6707
팩스 번호 02-335-6702
홈페이지 www.bookisbab.co.kr
등록 2007.1.31. 제313-2007-126호.

—

기획·진행 기획부 김난아
디자인 디자인허브

—

ISBN 979-11-86925-63-8 (13590)
정가 17,800원

—

책밥은 (주)오렌지페이퍼의 출판 브랜드입니다.

이 도서의 국립중앙도서관 출판예정도서목록(CIP)은 서지정보유통지원시스템 홈페이지
(http://seoji.nl.go.kr)와 국가자료공동목록시스템(http://www.nl.go.kr/kolisnet)에서
이용하실 수 있습니다. (CIP제어번호 : CIP2018041028)

사계절 살림

오늘의 작은 살림,

매일의 다정한 집

오선미(누피) 지음

책밥

공예를 전공하고 잠시 아이들 그림 가르치는 일을 하다 몇 년간 음식을 공부했습니다. 손으로 만드는 이런저런 것들을 좋아했기에 제게 살림을 꾸리는 일은 너무나 즐거운 일이었어요. 그리고 그 순간순간을 사진으로 담아내며 어느덧 6년이란 시간이 흘렀습니다. 지금은 두 아이의 엄마로 그어느 때보다도 육아와 살림에 열중하고 있답니다.

나 에 게 살 림 이 란

> 살림, 이라는 단어를 좋아해요. 살림은 '집 안에서 주로 사용하는 물건'을 뜻하기도 하지만 '한집안을 이루어 살아가는 일'이라는 의미도 담고 있답니다. 한 공간에서 한 가족을 이루며 살아가는 것. 정말 특별하게 느껴지는 일이지요. 사랑하는 사람을 위해 밥을 짓고, 가족 모두가 좋아하는 것들로 채워 가는 공간. 제가 사랑하는 이 공간에 대한 이야기를 이 책에 담았습니다.

살 림 을 조 금 더 즐 겁 게 할 수 있 다 면

> 살림이란 것도 그냥 되는 것이 아니더군요. 부모님 곁에서 자연스레 배우고 알게 된 것들도 꽤 있지만, 시대에 따라 이 '살림'도 조금씩 변화한다는 사실을 점차 깨달았지요. 살림초보 시절을 떠올려 보면 사소한 것 하나하나가 어쩐지 고민되어 그 어떤 일도 쉽게 느껴지지 않았던 기억이 납니다. 그때를 생각하며 소소하지만 꼭 필요한(살림의 대부분이 그런 것들입니다!) 내용들로, 살림을 조금 더 즐겁게 할 수 있기를 바라며 이 책을 썼습니다. 옆집 언니가 말해 주는 것처럼, 편하게요.

모든 순간 함께해 준, 그리고 앞으로도 함께할 사랑하는 남편과 아이들, 그리고 저를 있게 해 주신 부모님께 감사의 마음을 전합니다.

봄살림

여름 살림

겨울 살림

집안 살림 중 가장 많은 비중을 차지하는 곳이 주방 아닐까요. 살림하는 사람의 취향이 고스란히 드러나기도 하고요. 주방살림을 들일 때는 고민이 필요합니다. 먹는 일과 직결되기에 더더욱 그러하죠. 실용성은 물론 내구성과 소재의 안전성 등을 꼼꼼히 체크해 보고, 내 공간과 어울리는 살림살이를 하나씩 늘려 가며 살림의 기쁨을 느껴 보세요.

리넨 행주
주방 여기저기의 얼룩을 닦는 행주는 진한 색으로 사용한다. 삶아서 사용할 수 있는 리넨 소재를 추천.

소창
고온에 강하고 건조가 빠른 천연 면 소재. 흡수력이 좋아 그릇의 물기를 제거하고 손을 닦는 등 타월 대용으로 사용하기 적합하다.

키친클로스
면이나 리넨 소재의 키친클로스를 구비해 두면 주방에서 두루 활용할 수 있다. 핸드타월로도 좋고, 식탁 위에 깔아 두면 포근한 느낌의 장식 효과는 물론 뜨거운 용기를 올려 두기에도 편하다. 패턴이나 소재에 따라 다양하게 연출할 수 있으니 취향에 따라 고를 것. 다만 세탁을 해도 변형이 없는 면 소재가 좋으며, 가장자리가 얇게 접혀 박음질 되어 있는 것을 추천한다. 오버로크로 마감된 것은 핸드타월용으로는 적합하나 세탁 후 안쪽으로 돌돌 말릴 수 있다.

| 냄비 · 포트 |

무쇠냄비

에나멜 코팅이 되어 있는 무쇠냄비. 가열 시 내
용물 전체에 열을 균일하게 전달하고 열기를 오
래 유지해 음식 맛을 더 좋게 만들어 준다.

스타우브 제품

무쇠팬

코팅되지 않은 무쇠 소재의 팬으로, 길들여 사
용해야 한다. 맨 처음 뜨거운 물 소량에 베이킹
소다를 풀어 세척한 무쇠팬을 불 위에 올린 후
기름을 두르고 키친타월로 3~4회 닦아 내 기름
을 먹인다. 길들이기 작업 후 첫 사용 시에는 기
름에 단단한 채소를 한 차례 볶아서 버린 다음
뜨거운 물로 한 번 더 헹궈 낸 후 본격적으로 팬
을 사용한다. 녹이 잘 생기므로 세제 대신 베이
킹소다를 사용해 뜨거운 물로 세척하고 물기를
바로 제거한 후 보관할 것. 세척 후 약불에 잠시
올려 수분을 날리는 것도 좋은 방법이다.

이와츄 제품

스테인리스 냄비

스테인리스 냄비는 비교적 가볍고 내구성이 좋
다. 크기와 형태, 손잡이 개수(양수/편수)에 따라
용도가 다양하므로 필요한 것을 구매한다. 찜
기와 편수냄비, 뚜껑이 세트로 이루어진 다용도
제품은 특히 활용도가 높다.

다용도 편수냄비 쉐프원 제품

스테인리스 압력솥

밥 짓는 용도뿐만 아니라 장시간 푹 익혀야 하
는 고기요리를 좀 더 빠르게 조리할 수 있다.

WMF 제품

스테인리스 멀티포트
스테인리스 거름망이 들어 있어 파스타 면을 삶아서 건져 내거나 육수 등을 우리기 좋다.
벨라쿠진 제품

스테인리스 잼포트
잼을 만들거나 뚜껑을 열고 조리해야 하는 대용량의 요리를 할 때 사용한다. 또한 조리도구 열탕 소독 시에도 활용 가능.
벨라쿠진 제품

스테인리스 주전자
손잡이는 플라스틱 소재로 되어 있어 가열해도 뜨거워지지 않는 것이 좋다.
요시카와 제품

대나무 찜기
냄비 위에 올려 사용할 수 있는 2단 대나무 찜기. 1·2단을 동시에 사용할 수 있으며, 편하게 관리하고 싶다면 찜기 안에 전용 면포를 깔아 사용한다. 나무가 수분을 조절해 주므로 음식이 쉽게 무르지 않고 수분이 적당히 유지되어 음식을 더욱 맛있게 조리할 수 있다.
아이자와공방 제품

반찬통

내부에 색과 냄새가 배지 않는 유리 소재를 주로 사용한다. 쌓아서 보관하는 경우가 많으므로 가급적 형태를 통일해 구비한다.

락앤락 오븐글라스 제품

밥팩

밥을 소분해 냉동보관할 수 있는 용기로, 냉기나 열을 가해도 변형이 없다. 환경호르몬이 발생하지 않는 안전한 소재를 고른다.

실리콘 밥팩 티제이홈 제품 / 유리 밥팩 JAJU 제품

스테인리스용기

채소 및 각종 식자재를 담아 냉장·냉동보관할 수 있는 올 스테인리스 소재의 용기.

스테인리스 밧드 오오야금속 크로바 제품

유리용기

각종 가루와 양념류를 담아 두기 좋아 크기별로 구비해 두는 것을 추천.

오이시이키친(손잡이 용기), 삼우과학 제품

보온보랭병

내부는 유리, 외부는 플라스틱 소재로 구성된 물병으로, 보온과 보랭 기능을 모두 갖추었다.

헬리오스 제품

법랑 쌀통
각종 곡물을 담아 두는 대용량 보관용기. 일반 플라스틱 용기보다 내용물을 더욱 신선하게 보관할 수 있다.
노다호로 제품

플라스틱 양동이
뚜껑이 있는 대용량 양동이. 가루세제나 베이킹 소다 등을 보관하기 좋다.
무인양품 제품

실리콘 얼음틀
액체류를 다양한 크기로 얼려 보관할 수 있는 실리콘 소재의 얼음틀. 육수나 다진 채소 등을 큐브 형태로 얼려 두면 요리 시 간편하게 사용할 수 있다. 삶아서 세척할 수 있어 위생적이며, 소재가 유연해 언 재료가 쉽게 빠진다는 것도 장점.
티제이홈 제품

수납 바구니(화이트)
자잘한 물건들을 종류별로 담아 정리할 때 유용하다. 구멍이 있어 내부를 확인할 수 있는 것도 장점.
다이소 제품

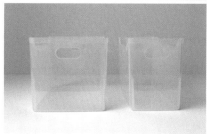

수납 바구니(반투명)
냉장고 수납에 주로 사용한다. 납작한 용기를 차곡차곡 세워서 보관할 때 특히 유용.
실리쿡 제품

- 주걱은 환경호르몬이 나오지 않는 실리콘이나 나무 소재로 선택하는 것이 좋다. 실리콘은 내열성이 강해 고온에서도 물성이 변하지 않으며, 냄비나 팬에 흠집을 내지 않는 것도 큰 장점. 디자인앤쿠 제품
- 주방용 가위는 올 스테인리스 제품으로 선택하는 것이 좋다. 또한 몸체가 분리되면 좀 더 꼼꼼히 세척할 수 있으므로 위생적이다.
  카네시카제작소 제품

(왼쪽 상단부터) 스테인리스 볼, 뒤집개, 집게, 전자저울, 계량컵, 국자, 거품기, 실리콘 주걱, 계량스푼, 가위, 필러, 스테인리스 체망, 거품 거름망, 볶음용 실리콘 주걱, 내열유리 계량컵

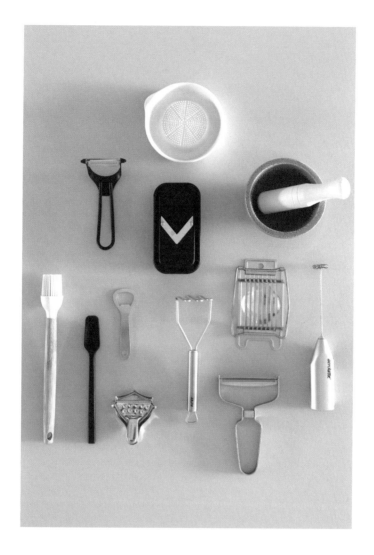

- 슬라이서와 강판, 두 기능이 있는 제품은 칼보다 훨씬 얇게 썰려 채소를 토핑용으로 얇게 썰 때 아주 유용하다. 프린스공업 FD STYLE 제품
- 실리콘 솔은 팬이나 식재료 표면에 기름을 고루 바를 때 사용한다. 모던하우스 제품
- 올 스테인리스 소재의 에그커터. 삶은 달걀뿐만 아니라 부드러운 햄이나 키위, 버터 등의 식재료를 일정한 두께로 자를 수 있다. 카페앳홈 제품

(왼쪽 상단부터) 도자기 강판, 채필러, 미니 슬라이서&강판, 절구, 실리콘 솔, 실리콘 잼스푼, 병따개, 레몬스퀴저, 매셔, 에그커터, 와이드필러, 우유거품기

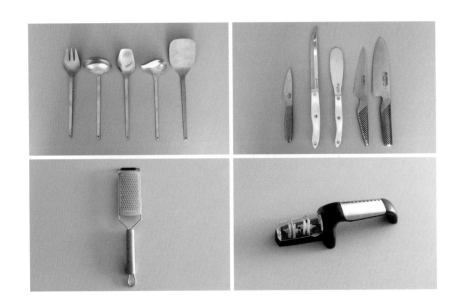

올 스테인리스 조리도구
이음매 없이 매끈하여 관리하기 편하다.
아이자와공방 제품

주방 칼
크기별, 용도별로 나누어 구비해 둔다.
글로벌나이프, 컷코 제품

그레이터
단단한 치즈나 레몬 껍질, 감자, 고추냉이
등을 갈 때 사용한다.
마이크로플레인 제품

나이프 샤프너
세라믹 소재의 숫돌이 내장된 샤프너. 무
뎌진 칼날을 날카롭게 세워 준다.
글로벌나이프 제품

조리용 온도계

조리 시 가열한 기름 등의 온도를 직접 잴 수 있
는 스테인리스 소재의 온도계. 튀김 요리에 특
히 유용하다.

대원 제품

수동 야채다지기

마늘, 당근, 양파, 감자 등 단단한 채소를 잘게
다져 주는 수동형 믹서. 믹서에 갈 때와 달리 채
소가 물러지거나 물이 생기지 않아 좋다.

콘스타 제품

야채탈수기

세척한 잎채소의 물기를 제거해 주는 전용 탈수
기. 뚜껑의 손잡이를 잡고 돌리면 내용물이 담
긴 플라스틱 채반이 회전하면서 물기가 제거되
며, 빠진 물은 바깥쪽 용기에 고인다.

야마켄 제품

빌트인 인덕션
자성을 가진 냄비 등에 담긴 음식을 자기장으로 가열해 조리하는 기구. 스
테인리스, 무쇠, 법랑 등 철 성분이 있는 냄비나 팬을 사용할 수 있다. 가
스레인지에 비해 조리 속도가 빠를 뿐만 아니라 일산화탄소가 배출되지
않고, 화재나 화상 등의 위험이 없다는 것이 장점.

1구 인덕션
주변으로 열이 퍼지지 않아 식탁 위에 놓고 사용하기 좋다.

에어프라이어
열풍을 이용해 기름 없이 식재료를 튀기는 기구. 육류, 채소 등을 빠르
고 간편하게 조리할 수 있으며, 특히 냉동한 음식을 다시 조리할 때 유
용하다.

진공포장기
음식물을 진공 상태로 포장해 주는 기구. 전용 비닐팩과 함께 사용한다.

핸드블렌더
재료를 냄비나 유리용기에 담은 상태로 직접 갈 수 있어 편리하다. 무른
재료를 갈기에 적당하며, 과일주스나 크림 등을 만들 때 유용하다.

발뮤다 토스터
토스터 기능이 특화된 미니 오븐. 오븐에 수분을 주입하는 기능 덕분에 겉
은 바삭하고 속은 촉촉하게 빵을 구울 수 있다.

스테인리스 S자고리·고리집게

고리를 걸 수 있는 지지대만 있다면 어디든 걸어서 사용할
수 있다. 스테인리스 소재라 물기 있는 주방용품을 걸어 두
기에도 적합하다. 한쪽이 집게 형태인 고리집게 역시 고무
장갑이나 수세미 등을 집은 상태로 걸어서 보관할 수 있어
유용하다.

마그네틱 집게

자성이 있는 집게로, 무언가를 집어 냉장고 등에 붙여 두고
사용할 수 있다.

봉지클립

개봉한 비닐을 밀봉할 수 있는 클립.

마그네틱 테이프

냉장고나 레인지후드 등 자석이 붙는 곳에는 모두 사용할
수 있다. 간단한 메모나 사진 등을 붙여 놓을 때 좋다.

마스킹테이프

종이 소재의 테이프로, 주방에서는 접착이나 라벨링의 용도
로 두루 쓰인다.

키친마카

물에는 지워지지 않지만 주방세제로는 지워지는 주방용 마
카. 내용물이 자주 바뀌는 보관용기나 지퍼백 등에 내용물
을 표시해 둔다.

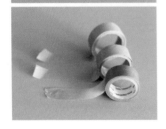

❶ 수세미

수세미는 사용한 후 물로 헹궈 최대한 물기를 털어 내 통풍이 잘되는 곳에 걸어서 보관한다. 또한 세제용, 헹굼용을 분리해 사용하는 것이 좋다. 한 달 이내의 주기로 교체하며, 천연 소재일 경우 삶아서 소독한 후 건조해 다시 사용한다.

❷ 매직블록

면이 고르고 촘촘한 스펀지로, 주방 청소에 유용하다. 특히 기름때를 제거하는 데 효과적. 물에 적신 후 꽉 짜서 사용하며, 오염이 심한 경우 세제를 조금 묻혀 사용해도 좋다.
다이소 제품

❸ 고무장갑

사용한 후에는 세제를 묻혀 꼼꼼히 닦고 헹군 후 고리집게 등으로 고정해 걸어서 건조한다. 주기적으로 뒤집어서 세척해 줄 것.

❹ 다용도 세척 솔

솔의 모가 단단해 주방이나 욕실 세척용으로 좋다.

❺ 병 세척용 스펀지

양쪽 끝에 부드러운 스펀지가 달려 있어 내부에 흠집을 내지 않고 부드럽게 닦을 수 있다. 좀 더 강하게 닦아 내고 싶다면 스펀지 대신 천연 모나 수세미 등이 달린 솔을 사용할 것.

납작하거나 오목하거나, 깊거나 얕거나. 그릇의 형태는 다양하지만 평소 식사 때마다 사용하는 데일리 그릇은 어느 정도 정해져 있죠. 한 사람을 기준으로 밥그릇, 국그릇 하나씩 그리고 찬기 두세 개 정도의 구성입니다. 여기에 메인 요리가 더해지면 접시가 하나 더 추가됩니다. 한 그릇 음식일 경우에는 깊은 면기나 접시를 사용하지요. 데일리 그릇은 무늬가 없고 디자인이 심플한 것으로 고릅니다. 가지고 있는 그릇들과 톤을 맞추어 장만한다면 형태가 다르더라도 서로 잘 어우러집니다. 또한 자주 사용하는 그릇인 만큼, 흠집이나 얼룩이 잘 보이는 무광보다는 유광 제품이 좋아요.

데일리 그릇과 함께 어울려 포인트가 되어 주는 그릇도 필요하지요. 개인적으로는 나무그릇이나 유기를 선호합니다. 포인트라고 해도 혼자 너무 튀는 그릇은 곤란해요. 가지고 있는 데일리 그릇의 구성에 나무그릇이나 유기를 조합하면 소재의 차이만으로도 단조로운 느낌이 사라지고 특별한 차림이 완성됩니다. 도자기 소재의 바구니도 포인트로 좋아요. 과일이나 채소를 올려 식탁 중앙에 두면 마치 센터피스처럼 예쁘답니다. 만약 색이나 무늬가 들어간 포인트 그릇을 사용하고 싶다면 전체적인 모양이나 크기, 굽의 형태 등을 데일리 그릇과 맞춰 보세요. 예를 들어 데일리 그릇이 일본풍의 굽이 있는 그릇이라면 포인트 그릇으로도 굽이 있는 것을 고르는 거예요. 그렇다면 화려한 무늬가 있더라도 데일리 그릇과 무난하게 어울린답니다.

1인 반상기

밥그릇, 국그릇, 찬기. 식사량과 기호에 따라 찬기의 개수를 정한다.

밥그릇·국그릇 라기환 작가 제품

종지

보통 소스를 담는 작은 그릇으로, 1인 찬기로 도 활용할 수 있다. 종지는 활용도가 높으므로 얕은 것과 깊은 것을 다양하게 구비해 두는 편 이 좋다.

안정윤 작가 제품

중접시

다양한 용도로 쓰이는 중간 크기의 접시. 개인 앞접시나 찬기, 디저트 그릇 등으로 활용한다.

이진도기 제품

대접시

메인 요리용 접시. 한 그릇 음식을 담을 때도 사용한다. 너무 납작한 형태보다는 어느 정도 깊이 있는 것이 좋으며, 특히 타원 형태가 다 른 접시들과 잘 어우러진다.

박정옥 작가 제품

면기

면이나 탕 요리를 담아내는 면기는 각자의 식 사량을 고려해 적당한 크기로 구비한다. 비교 적 부피가 크고 자주 사용하지 않기 때문에 서 로 잘 포개져야 하며, 굽이 너무 좁지 않아 안 정감 있는 형태가 좋다. 넓은 면기는 대접시 대신 사용하기도 한다.

나무그릇

나무그릇은 습기에 강한지 반드시 체크해야 하며, 옻칠했거나 천연 코팅제를 사용한 것으로 선택한다. 코팅된 제품이더라도 사용 후에는 바로 세척하고 물기를 닦아 그늘진 곳에 보관해야 오래도록 예쁘게 사용할 수 있다. 만약 기름기가 묻었다면 주방세제 대신 녹차나 홍차 등의 티백으로 문질러 제거한다.

무인양품 제품

유기

놋쇠로 만든 유기는 무게가 꽤 나가므로 찬기나 종지 등 작은 크기부터 사용해 볼 것을 추천한다. 두루 사용할 수 있도록 오목한 형태를 고를 것.

오부자 방짜유기, 놋담 제품

도자기 바구니

바구니 형태의 독특한 도자기 그릇. 채소나 과일을 담아 식탁 위에 두기
좋다. 소재 특성상 습기와 열에 강하고 구멍이 나 있어 뜨거운 것을 식힐
때에도 유용하다. 다른 도자기 그릇들과 조화롭게 어울리며, 음식 외에 소
품이나 꽃 등을 담아 둘 수도 있어 포인트 그릇의 역할을 톡톡히 한다. 담
을 수 있는 음식에 한계가 있는 대신에 디자인을 자유롭게 선택할 수 있어
좋다.

은옥상점 제품

| 커트러리 |

매일 사용하는 한식용 수저는 유기 제품을 추천한다. 살균력이 있어 건강에 좋을뿐더러 특유의 고급스럽고 단정한 분위기가 한식기와도 잘 어울린다. 관리가 까다로울 것 같지만 일반 스테인리스 수저와 동일하게 세척하고 보관하면 된다. 자주 사용하면 색이 조금 칙칙하게 변하지만, 그 모습도 자연스럽게 예쁘다. 인체에 해롭지 않으니 그대로 사용해도 무방하지만 아무래도 변색이 신경 쓰인다면 물 1L에 식초 2~3큰술을 넣어 수저를 담가 두거나, 물기 없는 상태에서 유기 전용 수세미로 살살 문지르면 본연의 색으로 돌아간다.

커트러리는 이음매가 매끄러운 것이 가장 좋다. 이음매가 복잡하거나 홈이 있는 것은 위생적으로 관리하기 어렵기 때문. 이음매가 매끄러운지 확인했다면 우리 집의 식기와 잘 어울리는 디자인으로 선택한다. 가지고 있는 식기가 대체로 한국적 느낌이 강하다면 커트러리역시 선이 매끄럽고 간결한 디자인으로 고르는 것이다. 양식용 커트러리 역시 매끄러운 이음매가 중요하며, 기능성에 좀 더 초점을 두고 선택하는 것이 좋다. 포크는 너무 뭉툭하지 않은 것, 스푼은 너무 납작하지 않은 것으로 고르며, 나이프는 칼날이 잘 드는지 확인한다.

유기수저 놋담 제품 / 양식용 커트러리 큐티폴 제품 / 올 스테인리스 커트러리 무인양품 제품

| 거실 · 방 |

유선 청소기·무선 청소기
유선 청소기는 대청소나 침구 청소용으로, 무선 청소기는 평상시 청소용으로 사용하고 있다. 이처럼 유선과 무선 청소기는 용도를 달리해 사용할 것을 추천. 청소기를 구매할 때에는 필터를 물로 세척할 수 있는지, 교체할 필터의 가격은 어느 정도인지 고려한다.

물걸레 청소기
물 묻은 청소포를 부착해 사용하는 충전식 무선 청소기. 진공청소기 사용 후 물걸레질까지 해야 먼지를 효과적으로 제거할 수 있다.

부직포 대걸레
부직포 소재의 청소포를 부착해 사용하는 대걸레. 먼지나 머리카락 등을 간단히 제거할 때 사용한다.

먼지떨이
높은 곳이나 손이 닿지 않는 구석진 곳의 먼지를 청소하기 위해서는 길이와 각도를 조절할 수 있는 것으로 구비할 것.

테이프클리너
침구 등에 붙은 먼지나 머리카락을 제거할 때 간편히 사용하기 좋은 데일리 청소도구.

바닥 솔

손잡이가 긴 것과 짧은 것을 두고 용도에 따라 구분하여 사용한다.

수세미

주방에서 사용하는 수세미는 세면대, 욕조 청소에도 유용하다.

스퀴지

유리창의 물기를 제거하는 도구. 욕실 청소 후 벽과 바닥의 물기 제거에
활용한다.

변기 솔

변기 전용 솔을 두고 변기 내부 청소용으로만 사용한다. 변기 커버와 시트
등은 따로 전용 수세미를 두고 청소한다. 변기솔은 케이스 바닥에 통풍구
가 있는 것으로 선택할 것.

종이에 무언가 적어 내려가는 시간을 좋아합니다. 해야 할 일들을 그때그때 메모하는 습관이 있고요. 아내이자 엄마, 프리랜서 MD로서 여러 역할을 해내야 합니다. 그렇다 보니 곁에 늘 종이와 펜을 두고 지내요. 쉽게 뜯어 사용할 수 있는 메모지와 함께, 필기 구를 담은 필통은 항상 손이 잘 닿는 곳에 있어야 하죠. 필통 안에는 기록을 위한 볼펜 과 네임펜, 키친마카는 물론이고 가위와 커터칼, 스테이플러, 마스킹테이프, 지우개, 줄자 등도 들어 있습니다. 살림을 하다 보면 의외로 줄자나 커터칼, 가위 등이 필요할 때가 많거든요. 그때마다 번거롭게 찾을 일 없으니 좋답니다. 내가 필요한 것만 담아 늘 곁에 두는 필통, 한번 만들어 보세요.

세타용 애싱세체 바이쯔만연구소 제품 / 향숍과우디 에크크린 제품

집 안을 청소하거나 소독할 때, 세탁을 하거나 묵은 때를 벗겨 낼 때, 두루 요긴하게 쓰이는 것 몇 가지가 있어요. 과탄산소다, 베이킹소다, 구연산이 바로 그 주인공입니다. 제대로 사용하기까지는 여러 날이 걸렸지만, 예전엔 주방과 욕실에 종류별로 늘어놓았던 합성세제의 필요성을 이제는 더 이상 느끼지 못할 만큼 만족하며 사용하고 있답니다.

주방·욕실용

베이킹소다와 과탄산소다를 사용해 기름때나 묵은 때를 제거할 수 있다. 특히 베이킹소다는 고체 입자가 연마 작용을 해 묵은 때를 벗겨 내는데, 주방과 욕실을 청소할 때에는 베이킹소다와 주방세제를 1:1 비율로 섞은 것을 전용세제로 사용한다. 만약 오염이 심하다면 과탄산소다를 뿌린 후 문질러 청소한다. 다만 과탄산소다는 강알칼리 성분이므로 장갑을 껴 손을 보호할 것. 구연산은 스테인리스나 유리의 물 얼룩을 제거하고 냄새를 없애는 데 효과적이다. 물 100ml당 구연산 5g의 비율로 5% 구연산수를 만들어 사용한다. 얼룩에 구연산수를 뿌리고 5분가량 방치한 후 물로 헹궈 내고 건조하면 된다. 베이킹소다와 과탄산소다, 구연산 등은 서로 혼합해서 사용하면 효과가 떨어지므로 단독으로 사용할 것.

세탁용

의류 세탁은 주로 탄산소다를 이용한다. 성분이 비슷한 과탄산소다로도 대체 가능. 보통 오염이 심하지 않은 세탁물은 탄산소다만 넣어 세탁하며, 세정력을 좀 더 높이고 싶다면 알칼리성 액상세제를 추가한다. 참고로 세제는 매뉴얼에 안내된 정량만큼만 사용해야 세탁조에 잔여물이 남지 않는다. 오염이 심하다면 과탄산소다물에 미리 담가 두어도 좋다. 찬물 1L에 과탄산소다 10g을 풀어 3시간 이상 담가 두는데, 오염 정도에 따라 반나절까지 시간을 조절한다. 또는 과탄산소다와 세탁용 알칼리성 비누(혹은 알칼리성 액상세제)를 1:0.5 비율로 섞어 반죽 형태로 만든 후 세탁 전 물에 적신 세탁물의 얼룩에 문질러 발라 두고 1시간 정도 방치하는 것도 방법이다. 그 후에 세탁하면 오염 부위를 좀 더 깨끗이 관리할 수 있다.

과일·채소 세정용

전용 칼슘파우더를 사용해 세척한다. 먼저 흐르는 물에 가볍게 닦아 낸 과일이나 채소를 정량의 칼슘파우더를 푼 물에 담가 두고 3~5분 이내로 방치한다. 그 후 흐르는 물에 한두 번 더 헹구어 마무리.

| 용도별 수세미 |

❶ 청수세미

연마석 성분이 들어간 나일론 수세미. 주방과 욕실에서 다용도로 활용할 수 있다. 특히 묵은 때를 확실히 제거해 준다.

❷ 유기 전용 수세미

청수세미보다 연마석 성분이 적다. 앞뒷면의 거친 정도가 달라 유기의 오염도에 따라 구분해 사용할 수 있다.

❸ 녹 제거용 동수세미

동 100%로, 무쇠나 스테인리스 제품의 잘 벗겨지지 않는 때와 탄 자국 등을 긁어서 제거하는 데 사용하는 수세미.

JAJU 제품

❹ 설거지용 수세미

거품 내 닦을 때는 아크릴수세미, 헹궈 낼 때는 삼베수세미로 용도를 구분해 사용한다. 삼베 수세미는 삶아서 사용할 수 있다.

❺ 무쇠용 거친 솔

무쇠 전용 우드솔로, 솔에도 나무 재질이 포함되어 있어 무쇠의 거친 면을 닦아 낼 때 유용하다.

켈러 제품

❻ 과일·채소 세척용 부드러운 솔

과일·채소 등의 껍질에 묻은 이물질을 제거해 주는 부드러운 우드솔. 손으로 세척하기 힘든 구석구석의 때를 쉽게 닦아 낼 수 있어 좋다.

켈러 제품

| 식재료 |

한살림 shop.hansalim.or.kr
국내산 유기농 과일과 채소, 가공식품 등을 판매하는 곳으로, 전국에 오프라인 매장이 있다. 온라인이나 전화로 주문하면 주 1회, 지역마다 정해진 요일에 물건이 도착한다.

헬로네이처 www.hellonature.net / 마켓컬리 www.kurly.com
신선식품, 트렌디한 식재료 등 다양한 상품을 구입할 수 있는 온라인 쇼핑몰. 주문하면 그다음 날 바로 배송되어 편리하다. 수도권 지역은 전용 배송 시스템을 갖추고 있으며, 그 외 지역은 일반 택배로 받아 볼 수 있다.

만나박스 mannabox.co.kr
신선식품 판매에 특화된 온라인 쇼핑몰. 정기배송 서비스를 이용할 수 있다.

정육각 www.jeongyookgak.com
국내산 냉장 육류, 계란, 쌀 등을 판매하는 온라인 쇼핑몰. 배송이 빠른 편이며, 신선한 상품이 깔끔하게 포장되어 오는 것 또한 장점이다.

오이시이키친 www.oisii-kitchen.com
실용적이면서도 트렌디한 주방용품을 판매하는 온라인 쇼핑몰. 나무, 스테인리스, 유리 제품이 다양하게 구비되어 고르는 재미가 있다.

은옥상점 eu-nok.com
자연스러운 느낌의 도자기 그릇을 판매하는 온라인 쇼핑몰. 매 시즌 다른 그릇을 판매하는 것이 특징이다.

삼우과학 www.samwoovial.co.kr
국내에서 제작한 다양한 유리병을 구입할 수 있는 곳.

무인양품 www.mujikorea.net
간결하고 깔끔한 디자인이 특징적인 생활용품을 판매한다. 온라인과 오프라인에서 모두 구입할 수 있다.

JAJU living.sivillage.com
이마트 내의 생활용품 브랜드로, 마찬가지로 심플한 디자인의 제품을 판매하는 곳. 온라인과 오프라인에서 모두 구입할 수 있다.

바이쯔만연구소 smartstore.naver.com/science815
천연세제를 판매하는 곳. 세탁용 세제와 비누 등을 구입할 수 있다.

- 집에 있는 것을 중복으로 구매하지 않도록, 냉장고나 팬트리에 식재료를 보관할 때에는 비슷한 부류끼리 구분해 함께 둔다.
- 유통기한이 짧은 것들은 모아서 눈에 잘 띄는 곳에 꺼내 둔다.
- 식재료 소진 시 그때그때 필요한 것을 메모해 두었다가 장 볼 때 구매 목록으로 활용한다.
- 장을 볼 때는 해당 식재료를 평균적으로 어느 정도 소비하는지 고려해 필요한 분량만큼만 구매한다. 식구 수가 적다면 단가 차이가 있더라도 대용량을 구매해 오래 두고 먹는 것보다는 조금씩 사서 그때그때 소진 하는 것이 좋다.
- 제철 식재료를 구매할 것. 제철에 구매하면 싱싱하고 맛이 좋으며 가격도 저렴하다.
- 신용카드보다는 현금이나 체크카드를 사용하자. 잔고 확인이 가능하므로 불필요한 지출을 막을 수 있다.

봄
살
림

SPRING

거
실
·
방

비우고 시작하기

모든 일의 처음, 그 시작은 많은 의미를 가지고
있지요. 만약 그 시작을 방해하는 것이 있다면 과
감히 그것을 치우는 일부터 시작해도 좋아요. 새
로 시작하는 봄을 맞이하는 자세도 이와 같습니
다. 무언가 정리하고 싶을 땐, 우선 필요하지 않
은 것부터 비워 내는 거예요. 살펴보면 쓰지 않고
그저 가지고만 있는 물건들이 참 많답니다. 단순
히 쌓아 두기만 했던 물건이라면 아쉽더라도 정
리하는 것이 맞아요. 그 과정을 통해 앞으로 물건
을 구매할 때에는 조금 더 신중할 수 있고요. 이
렇게 조금씩 주변을 비우다 보면 정리나 수납이
한결 더 수월해지는 것을 느낄 수 있답니다.

봄 맞 이

구 석 구 석 먼 지 청 소

/

창밖에서 들어오는 먼지 못지않게 집 안에서 생기는 먼지도 참 많지요. 두 툼한 옷과 이불을 끼고 살던 겨울을 보내고 나면 그만큼 집 안 구석구석에 먼지가 쌓여 있을 거예요. 물론 대청소도 좋지만, 먼지 청소는 조금씩이라 도 매일매일 하는 것이 좋답니다. 또, 매일 사용하는 청소도구들을 종종 살피는 일 또한 매우 중요하죠. 청소도구는 물로 세척할 수 있는 것, 그리 고 구조가 단순한 것으로 고르면 훨씬 수월하게 관리할 수 있답니다.

LIVING LIKE

- 먼지 청소 전, 환기를 위해 창문을 열고 먼지떨이로 가전과 가구 등의 표면에 쌓인 먼지를 털어 낸다. 청소는 '환기 > 먼지 제거 > 진공청소기 > 물걸레청소기' 순서로 진행할 것. 먼지떨이가 없다면 부직포 소재의 청소포로 먼지를 닦아도 좋다.
- 부직포 청소포를 부착해 사용하는 대걸레는 바닥의 먼지를 가볍게 청 소하기에도 좋다. 특히 늦은 밤이나 미세먼지가 심한 날에는 진공청소 기 대신 먼지를 일으키지 않는 부직포 대걸레를 사용한다.
- 침대 위나 패브릭에 붙은 먼지, 머리카락 등은 테이프클리너로 제거한다.

청소도구 관리법
- 청소기의 먼지통이나 흡입구 등 먼지가 직접적으로 닿는 부위는 금세 더러워지고 세균이 번식하기 쉬우므로 주기적으로 관리해야 한다. 물 세척이 가능한지 확인한 후 제품을 분리해 칫솔이나 부드러운 솔로 먼 지를 털어 내고 흐르는 물에 다시 한 번 닦아 내며 헹군다. 세제로 세척 할 경우에는 세제를 물에 충분히 희석하여 가볍게 사용하는 것이 좋다.
- 물세척이 끝난 후에는 통풍이 잘되는 곳에서 완전히 건조한다.

니 트 관 리

/

봄에서 여름으로 계절이 바뀔 때 아쉬운 점 하나, 포근한 니트를 당분간 입을 수 없다는 거예요. 보드랍고도 따뜻한 니트 소재는 입을 땐 너무 좋은데 관리하기가 다소 까다롭다는 단점이 있지요. 니트는 소재 특성상 보풀이 잘 일고, 일반 세탁물과는 세탁 방식도 조금 다르기 때문에 까다롭다 느낄 수 있지만 몇 가지 요령만 알면 어렵지 않게 관리할 수 있답니다.

LIVING LIKE

- 니트 옷감의 손상을 최소화하려면 손세탁하는 것이 가장 좋지만, 매번 손세탁하기 번거롭다면 세탁기를 사용해 좀 더 편리하게 관리하자. 니트끼리만 모아 세탁하는 것이 좋으며, 니트는 뒤집어서 각각 세탁망에 넣은 상태로 세탁기를 돌려야 옷감이 덜 손상된다. 최대 세 벌 이하로 세탁할 것(울코스, 찬물~30도 이하의 물 온도, 탈수 '약'으로 조작).
- 세제는 일반 세탁세제를 사용하며, 섬유유연제를 소량 넣는다.
- 세탁 후 자연건조 시에는 일자형 건조대에 넓게 펴서 걸친다. 니트를 옷걸이에 걸 경우 옷이 늘어질 수 있으니 주의한다.
- 보관할 때는 옷감이 눌리는 것을 방지하기 위해 가지런히 접은 후 세워서 수납한다.

  nupi's tip ― 아끼는 니트에 보풀이 일어났다면 보풀제거기를 사용해 보세요. 평평한 바닥에 니트를 펼쳐 놓고 보풀제거기를 작동합니다. 자칫 구멍이 날 수 있으니 반드시 니트를 고르게 펼친 후 사용해야 해요.

옷이 늘어지지 않게 옷걸이에 거는 방법

보풀제거기 동양 메이드조이 제품 / 건조대 피노키오 폭 조절 건조대

갈 라 지 기 전 에

가 죽 소 파 보 습 관 리

/

폭신폭신 소파는 온 가족이 함께 가장 많은 시간을 보내는 곳입니다. 그래서 더더욱 쉽게 때가 타기도 하지요. 가죽소파는 처음부터 손질을 신경 써야 합니다. 그래야 그다음부터 관리가 수월해지거든요. 동물의 가죽으로 만든 가죽소파는 사람 피부처럼 생각하고 관리해 주는 것이 좋아요. 피부에 알코올이 닿으면 소독 효과는 있으나 몹시 건조해지듯 알코올 성분은 소파에도 좋지 않습니다. 또한 화학 성분보다는 천연오일로 관리해 주는 것이 좋아요. 소파 관리 전용 크림이나 오일이 시중에 많지만 꼭 그런 제품을 사지 않아도 괜찮아요. 피부에 사용했던 천연오일이나 밤 제품이라면 그 어떤 것이라도 활용할 수 있답니다.

LIVING LIKE

- 가죽소파는 보습 관리가 가장 중요한데, 그 전에 물을 적신 헝겊으로 소파를 닦아 내 오염부터 제거해야 한다. 이때 헝겊의 물기를 최대한 짜낼 것. 물기가 잘 날아가지 않을 경우 마른 헝겊으로 한 번 더 닦는다. 오염이 심하다면 매직블록을 사용해도 좋다. 매직블록에 오일을 살짝 묻혀 여러 방향으로 바꾸어 가며 닦아 내면 더욱 효과적이다.
- 오염을 제거한 후에는 천연오일이나 밤(balm) 제품을 사용해 보습해 준다. 반드시 소파 관리 전용 제품을 구매할 필요는 없다. 사용하지 않는 천연오일, 수분이 함유되지 않은 오일리한 밤 제품이면 충분하다. 늘어난 양말을 손에 끼우면 구석구석에 제품을 바르기 편하다.
- 보습을 마친 소파는 최소 반나절 이상 사용하지 않는 것이 좋다.

원 목 가 구 보 습 관 리

/

나무로 만든 것을 좋아하다 보니 가구 역시도 자연스레 원목가구로 선택하게 되더라고요. 눈에 피로감을 주지 않는 은은한 색감인 데다가 손길이 닿으면 닿는 대로, 또 색이 바래면 바래는 대로, 그 자체로도 멋스러우니까요. 원목가구는 자연에서 온 소재를 사용한 만큼 습기가 많은 계절엔 주변 습기를 머금어 조금 팽창했다가 건조한 계절이면 다시 수축하기를 반복한답니다. 그렇기 때문에 실내가 건조해지는 겨울이나 봄에 보습 관리를 해 주는 것이 좋지요.

HOW TO

1. 원목가구는 원목 상태에 따라 보습해 준다. 호두오일이나 아마씨오일로 가볍게 관리할 수 있으며, 원목이 많이 건조하거나 내구성을 강화하고 싶은 경우에는 원목가구 전용 천연왁스를 이용해 관리한다.
2. 표면이 매끄럽지 않은 수건 재질의 헝겊으로 원목 표면에 오일이나 왁스를 가볍게 도포하듯 얇게 바른 후 마사지하듯 여러 번 문지른다.
   nupi's tip — 안 쓰는 행주를 활용해도 좋아요.
3. 어느 정도 흡수되었다면 헝겊의 깨끗한 면으로 다시 한 번 닦아 내듯 문질러 마무리한다.
4. 원목이 오일을 보송하게 흡수할 수 있도록 주변을 잘 환기하고, 보습 관리를 마친 원목가구는 최소 6시간 이상 사용하시 않고 충분히 건조한다.

작 은 베 란 다 화 단

소 소 한 분 갈 이

/

화단이라고 하기엔 무척이나 소박하지만 집에 작은 베란다 화단을 꾸며
두었어요. 꽃집을 지날 때마다 화분을 하나씩 데려오기도 하고 선물을 받
기도 하고, 그랬던 것들이 하나하나 모여 어느새 베란다 한편을 차지하고
있지요. 겨우내 잎이 말라 떨어졌다가도 봄이 되면 그 자리에 다시 새순이
올라오는 것이 참 신기해요. 덩달아 힘이 나고요.

HOW TO

1. 화분 맨 아래쪽, 구멍 뚫린 부분에 촘촘한 망이나 거즈를 깐다. 물을 적
   셔 붙여도 좋다.
2. 분갈이 후 화분에 물이 고이지 않도록 맨 아래쪽에는 마사토를 얇게 깔
   아 준다.
3. 중간에는 흙을 넣은 다음 뿌리가 들어갈 수 있도록 손으로 가운데를 옴
   폭하게 파 자리를 마련한다.
4. 식물을 넣고 뿌리가 자연스럽게 고정되도록 화분을 가볍게 흔든다.
5. 모종삽으로 흙을 추가해 뿌리를 덮는다.
6. 맨 위쪽에 마사토를 한 번 더 깔아 준다. 윗부분에 마사토를 깔면 물을
   줄 때 흙이 넘치는 것을 방지할 수 있다.

식물에게는 기본적으로 햇빛, 바람, 물이 필요합니다.
그렇기에 볕 잘 들고 바람이 잘 통하는 공간이 가장 좋고,
실내에서 키운다면 자주 환기해 주는 것이 중요하겠지요.
식물에 물을 줄 때는 흙이 흠뻑 젖도록 주되
화분받침에는 물이 고여 있지 않도록 신경 씁니다.
물을 자주 주는 식물과 그렇지 않은 식물을 나누어 배치해 두는 것도 좋습니다.
덩굴식물은 물을 자주 주어야 하는 반면 다육식물은 그 주기가 길기 때문에
나누어 배치해 두면 구분해서 관리하기 편하거든요.

베란다가 없거나 식물을 가꿀 만한 공간이 없다면 에어플랜트는 어떠세요?
특별히 관리하지 않아도 잘 자라는 틸란드시아 등을 커튼봉에 달아 두면
거실의 분위기가 봄처럼 화사해진답니다.
마크라메 월 행잉을 활용해 걸어 준다면 더욱 예쁘겠죠?

주방·다용도실

취향이 담긴 앞치마

맘에 드는 옷을 입은 날엔 왠지 모르게 기분이 좋고 자신감이 생기지 않나요? 저에겐 앞치마가 그래요. 그저 오염을 막아 주는 덧옷의 의미를 넘어 취향이 담긴 한 벌의 옷이랍니다. 예쁜 앞치마를 발견할 때마다 하나씩 장만하다 보니 지금은 꽤 여러 벌이 되었어요. 어깨나 목에 걸어 온몸을 감싸는 것과 간편히 허리에 묶는 것을 함께 구비해 두면 용도에 따라 사용할 수 있어 좋답니다. 예쁜 것도 중요하지만 면이나 리넨 소재가 좋고, 허리끈이 넉넉하며 입고 앉았을 때 불편하지 않은 디자인으로 꼼꼼히 골라 보세요.

팬 트 리 수 납

/

뜨겁고 습한 여름을 제외하고는 주방 옆 작은 팬트리를 줄곧 이용합니다. 제2의 냉장고인 셈이죠. 양파를 보관하기도 하고 면이나 김, 과자 같은 마른 식재료를 수납해 두기도 한답니다. 아주 좁은 공간이라도 수납장과 틈새 공간을 잘 활용한다면 꽤 요긴하게 사용할 수 있어요.

LIVING LIKE

- 상부장 왼쪽 공간에는 마른 식재료를 보관해 두었다. 국수와 파스타면, 김, 대용량 소금과 설탕, 캡슐커피, 아이 간식 등을 수납 바구니에 종류별로 담아 차곡차곡 상부장의 칸을 채운다. 이곳엔 제습제가 필수. 창문과 가까운 상부장 오른쪽 공간에는 자주 사용하는 비닐과 주방 소모품 등을 보관해 두었다.

- 상부장 아래쪽의 남는 공간에는 그 공간의 사이즈에 맞추어 선반을 구입해 두고 이것저것 수납하기 좋다. 바구니나 쌀통, 양파 등을 주로 올려 두는 편.

- 싱크대 아래쪽과 하부장 공간에는 주로 크기가 큰 물건들을 넣어 둔다. 마찬가지로 공간의 사이즈에 맞는 선반을 넣어 곰솥이나 납작한 쟁반 등을 수납하고, 옆쪽의 높은 공간에는 재활용 분리수거함을 비치해 두었다.

- 틈새 공간도 그냥 놀리기 아깝다. 좁은 공간에는 틈새선반을 두어 활용할 것. 세탁기 옆쪽의 남은 공간에 틈새선반을 두면 세제와 기타 용기들을 간편하게 올려놓을 수 있다. 사용하지 않을 때에는 보이지 않게 안쪽으로 밀어 둔다.

틈새선반 오이시이키친 제품

고 민 없 는 냉 장 고

/

온 가족의 먹거리 저장고. 살림하는 사람이라면 누구나 이 저장고 때문에
골치 아팠던 적 있지 않나요? 살림꾼의 영원한 과제, 바로 '냉장고 정리'입
니다. 식재료 저장 다음으로 정리가 떠오를 만큼 냉장고는 정리가 중요한
공간입니다. 위생과도 직결된 문제잖아요.

어떤 식재료를 어떤 용기에 담아야 할지, 냉장을 해야 할지 냉동을 해야
할지, 김치는 또 어찌 보관해야 좋은지.

하지만 냉장고 정리에서 가장 중요한 것은 '한눈에 보이게끔'이라고 생각
합니다. 또한 다양한 식재료를 저장하는 공간인 만큼 저장 용기를 통일하
고 각 용기마다 저장물의 이름을 표시해 두면 편리하겠죠. 각자 나름의 규
칙을 두는 것이 좋답니다.

복잡하게 생각할 것 없어요. 고민 없이 문을 열고 필요한 것을 찾을 수 있
는, 내가 잘 알아볼 수 있는 냉장고면 충분해요.

냉장실 정리

1. 사용 빈도에 따라 자주 꺼내 사용하는 것일 수록 문 쪽에 가깝게, 손이 닿기 쉬운 중간 층이나 그 아래층 정도에 배치해 두는 것이 좋다.

2. 유통기한이 짧거나 상하기 쉬운 식재료는 특히 눈에 잘 띄는 곳에 둔다.

3. 소스/양념류와 같이 비슷한 식재료들끼리는 서로 모아 보관해야 찾기 편한데, 이때 라벨링은 필수.

밀폐 유리병 셀러메이트 제품 / 스테인리스 밧드 크로바 제품 / 스테인리스 밀폐용기 코리아락 제품

4. 채소/과일 칸에 채소와 과일을 아무렇게나 넣어 두지 말자. 플라스틱 수납 바구니로 공간을 나누어 같은 것끼리 보관한다.

5. 크기가 작은 먹거리들은 소형 케이스에 모아서 수납해야 깔끔하다.

6. 장 봐 온 것을 급하게 냉장고에 넣어야 할 때 임시 저장소로 활용할 수 있도록 여유공간을 만들어 두자.

   nupi's tip — 냉장실에 보관하는 음식물 저장용기는 유리나 스테인리스 재질이 좋으며, 수납용 바구니는 비교적 가벼운 플라스틱 재질을 사용합니다.

손잡이 수납 바구니 다이소 제품 / 반투명 수납 케이스 무인양품 제품

냉동실 정리

1. 냉동실에 오래 보관해 두면서 그때그때 꺼내 먹을 음식물의 저장용기는 납작하고 내용물이 보이는 것으로 통일한다. 개인적으로는 실리콘 밥팩을 많이 사용하는데, 수직으로 나란히 세워 보관할 수 있도록 사이즈가 맞는 수납 바구니를 활용하면 더욱 좋다. 수납 바구니에 저장용기를 차곡차곡 세워 보관하면 공간을 효율적으로 활용할 수 있다. 또한 원하는 것을 찾을 때에도 편리하다.

2. 냉동실 정리에도 라벨링은 필수다. 특히 성에가 끼면 내용물이 잘 안 보이기 때문에 반드시 이름을 표시해 둘 것.

3. 자주 꺼내 사용하는 것은 서랍에 넣지 않고 상단에 꺼내 둔다.

4. 육류와 건어물, 곡물류나 치즈 등 냄새를 흡수하기 쉬운 식재료는 따로 배치한다.
   nupi's tip — 식재료 냉동보관 방법은 166쪽을 참고하세요.

nupi's tip ── 냉동실에 보관하는 저장용기는 스테인리스와 실리콘 소재, 지퍼백, 진공팩 등으로 다양하게 활용할 수 있습니다.

실리콘 밥팩 티제이홈 제품 / 원터치 저장용기, 수납 바구니 실리쿡 제품

김치냉장고 정리

1. 내부는 소독용 에탄올로 닦아 청소한다.
2. 김치는 내용물이 훤히 보이는 유리 보관용기에 담는 것이 좋다. 이때도 라벨링은 필수. 키친마카를 활용하면 더욱 좋다.
3. 작은 서랍에는 식재료를 담은 보관용기를 차곡차곡 쌓아 보관한다.

4. 냉장고의 묵은 냄새는 드립커피를 내리고 남은 원두 찌꺼기나 캡슐커피의 찌꺼기를 활용해 잡을 수 있다.

   nupi's tip — 보슬보슬하게 건조한 원두 찌꺼기를 납작한 플라스틱 용기에 담아 냉장고에 넣어 둡니다. 탈취제 전용 용기가 없다면 뚜껑 대신 통풍이 잘되는 한지나 스타킹 등을 고무줄로 고정해 사용합니다.

4   4-1

nupi's tip — 김치, 마지막 한 조각까지 맛있게 먹으려면

김치를 마지막 한 조각까지 맛있게 먹기 위해서는 약간의 요령이 필요해요. 김치는 공기와 만나면 맛이 점차 변해 갑니다. 그렇기에 공기 차단은 필수! 따라서 보관용기는 완전히 밀폐되는 것으로 골라야 합니다. 김장용 비닐에 김치를 담아 공기를 최대한 뺀 후 묶은 것을 김치통에 넣어 보관해도 좋고, 김치통에 김치를 바로 넣을 경우에는 맨 위쪽에 공기와 맞닿는 빈틈이 없도록 김장용 비닐을 덮어 김치의 윗면이 마르지 않도록 신경 씁니다.

김치통 글라스락 제품 / 탈취제 용기 어반하우스 제품

인 덕 선 · 전 자 레 인 지 · 레 인 지 후 드 청 소

하루에도 몇 번씩 꼭 사용하게 되는 주방의 가전제품. 주로 음식 조리와 관련된 것들이죠. 그중에서도 저는 인덕선과 전자레인지를 가장 자주 사용합니다. 인덕선은 가스레인지에 비해 안전하게 사용할 수 있고, 세척 등 관리 면에서도 월등히 편리해요. 환기를 위해 레인지후드를 켜고 인덕선 전원을 꾹 누르며, 오늘 하루도 시작해 볼까요?

LIVING LIKE

인덕선·전자레인지 청소

- 평상시 인덕선은 수세미에 주방세제나 물을 조금 섞은 베이킹소다를 묻혀 꼼꼼히 문지르며 청소한다.
- 전자레인지 내부에 배어 있는 음식물 냄새와 찌든 때는 레몬수를 사용해 제거한다. 작은 용기에 물과 레몬 몇 조각을 함께 담아 전자레인지를 3분간 작동한 후 3분 정도 그대로 방치해 내부를 최대한 촉촉하게 만든다. 그 후 회전판을 분리해 설거지하고, 헝겊이나 키친타월 등에 가열된 레몬수를 조금씩 묻혀 가며 전자레인지 내부와 외부를 구석구석 닦는다.

레인지후드 청소

- 레인지후드의 망을 프레임째 분리해 싱크대에 넣고 뜨거운 물로 적신다. 그 후 칫솔에 과탄산소다, 주방세제, 물을 1:1:1 비율로 혼합한 것을 묻혀 구석구석 문지른 상태에서 스팀청소기를 분사해 기름때를 벗겨 낸다.
- 오염이 심할 경우에는 망의 손잡이나 이음매 부분을 들춰 이중으로 겹쳐진 망을 분리한 후 위와 같은 방법으로 기름때를 벗겨 낸다.
- 매직블록에 세제를 소량 묻혀 후드 본체의 내부와 먼지 쌓인 위쪽 면도 구석구석 닦는다. 그 후 물에 흠뻑 적셨다가 꽉 짜낸 새 매직블록으로 다시 한 번 닦아 마무리한다.

인덕션에 음식물이 눌어붙었다면
과탄산소다에 물을 소량 섞어 뻑뻑하게 갠 것을 바르고
인덕션 전용 스크래퍼로 부드럽게 긁어낼 것

전자레인지 청소

레인지후드 청소

세 탁 기 청 소

/

일주일에 최소 서너 번은 사용하는 세탁기. 특히 아이가 있는 집은 하루에
도 한 번씩 꼭 세탁기를 돌리게 된답니다. 이렇게 자주 사용하는 가전일수
록 청소에 소홀하게 되는데, 그래도 한 달에 한 번씩은 세탁기 청소의 날
을 가져 보자고요. 평소에도 조금만 더 신경 쓴다면 늘 청결하게 세탁기를
유지할 수 있을 거예요. 사실 세탁조 오염의 주범은 적정량을 넘겨 사용하
는 세제라고 합니다. 세제를 많이 넣는다고 더 깨끗하게 세탁이 될까요?
전혀 아닙니다. 오히려 더 많은 세제 잔여물로 우리에게 해롭다는 점, 꼭
기억해 주세요.

LIVING LIKE

- 세탁기 청소는 세탁 직후에 세탁기가 물기를 머금은 상태에서 하는 것
  이 좋다. 드럼세탁기의 고무패킹 부분은 구연산수를 묻힌 헝겊으로 청
  소한다. 손에 힘을 주어 고무패킹을 들추고 그 안쪽 사이사이에 끼어
  있는 섬유 찌꺼기를 닦아 낸다.

  nupi's tip ― 세탁기 청소용 구연산수
  미온수 200ml에 구연산 1작은술을 넣고 잘 섞은 후 사용합니다. 분무기에
  만들어 두면 더욱 편리하게 사용할 수 있어요.

- 세제통을 분리해 흐르는 물에 세척하고 완전히 건조한다. 세제통을 빼
  낸 빈 공간과 세탁기 외부도 구연산수를 칙칙 뿌려 구석구석 닦는다.

- 세탁기 아래쪽의 배수구 필터를 돌려서 빼낸 후 그간 세탁물에서 배출
  된 이물질을 제거하고 작은 솔로 깨끗이 세척한다. 세척 후에는 완전
  히 건조해 다시 끼운다.

- 평소에도 세탁기를 사용한 후 세제통과 세탁기 문을 완전히 개방해 내
  부를 충분히 건조하고, 1~2주에 한 번씩은 '무세제통세척' 기능을 활용
  해 세탁기를 청소하는 등의 관리를 잊지 말 것.

오래된 세탁조가 찜찜하다면(드럼세탁기 세탁조 청소)

1. 세탁조 안에 과탄산소다 300~400g을 넣고 물 온도를 60도 이상의 온수로 설정한 뒤 표준세탁(기본) 코스로 돌린다.

2. 마지막 헹굼 과정에서 구연산 15g(약 1큰술)을 넣는다.

3. 오염이 심하다면 표준코스 완료 후 헹굼을 1~2회 추가한다.

먹
고
사
는

일

봄날의 먹거리

따스함과 서늘함이 공존하는 계절이라 그런지 봄의 먹거리는 특히나 매력적이에요. 달래, 냉이, 두릅, 쑥 등 봄 내음 가득 품은 향긋한 나물과 산딸기, 금귤, 매실 등 새콤달콤한 과일까지. 이 시기를 놓치면 다음해가 되어서야 다시 만날 수 있는 봄날의 먹거리는 맛도 좋지만 몸에도 좋으니 잊지 말고 챙겨 먹자고요.

봄나물 레시피

/

INGREDIENTS

냉이된장국(2~3인)

쌀뜨물 600ml, 육수큐브 1개, 된장 1큰술, 간마늘 1/2큰술,
버섯 한 줌, 양파 반 개, 애호박 1/4개, 손질한 냉이 한 줌(2~3뿌리)

달래장아찌

물 1컵, 간장 1컵, 식초 1/2컵, 설탕 1/2컵, 달래 한 단(100g)

* 1컵=200ml

nupi's tip — 대표적인 봄나물 냉이와 달래. 손질이 조금 귀찮지만 봄이 오면
장바구니에 꼭 넣게 되는 아이들입니다. 국에 넣으면 특히나 맛이 좋은 냉이
는 제철에 넉넉히 사서 손질한 후 냉동보관해 두어요. 간장과 잘 어울리는 달
래는 달콤 짭짤 장아찌로 만들어 놓으면 각종 요리에 양념장으로 두루 활용할
수 있답니다.

냉동보관용 냉이 손질법

1. 냉이를 흐르는 물에 담가 여러 번 씻어 내며 누렇게 변한 잎은 떼어 낸다. 뿌리 부분의 흙은 작은 솔로 문질러 제거한다.

2. 물 1L 정도에 소금 1작은술을 넣고 끓인다. 물이 끓으면 손질된 냉이를 넣어 짧게 데친다. 숨이 죽으면 곧바로 건져 내야 한다.

3. 데친 냉이를 바로 차가운 물에 헹구고 물기를 가볍게 턴 후 보관용기에 담는다. 물기를 살짝 머금은 상태로 냉동해야 좀 더 신선하게 보관할 수 있다. 한 번에 먹을 분량만큼씩 납작하게 담아 냉동보관한다.

nupi's tip — 용기에 담을 때 종이포일을 깔아 여러 층으로 구분해 두면 꺼내 먹을 때 더욱 편리하답니다. 뚜껑을 닫기 전, 맨 위쪽에도 종이포일로 살짝 덮은 후 보관해 주세요.

4. 냉동한 냉이는 필요할 때마다 꺼내 찬물에 가볍게 헹군 후 물기를 털어서 사용하면 된다.

nupi's tip — 이렇게 밀폐용기에 담아 냉동보관해 둔 냉이는 그다음 해 냉이가 나오기 전까지 두고두고 먹을 수 있어요.

봄 내음 가득, 냉이된장국

1. 마늘은 다지거나 갈아서 준비하고, 갖은 채소를 한입 크기로 썰어 둔다.

2. 쌀뜨물에 육수큐브를 넣고 된장을 푼다.

    nupi's tip ― 육수큐브 만드는 방법은 266쪽을 참고하세요.

3. 양파, 버섯, 애호박 순서로 단단한 채소부터 넣고, 국물이 보글보글 끓어오르면 다진 마늘을 넣어 향을 더한다.

nupi's tip ― 만약 된장 맛이 좀 쿰쿰하다 싶으면 맛술(미림) 등을 넣어 단맛을 더해 보세요. 한층 구수한 맛의 된장국이 완성됩니다.

4. 냉이는 불을 끄기 직전에 넣은 후 불을 끄고 뚜껑을 덮는다.

    nupi's tip ― 냉이를 찌개나 국에 넣을 경우에는 불 끄기 직전 가장 마지막 단계에 넣고 뚜껑을 덮어 남은 여열로만 익힙니다.

달래 손질법 및 장아찌 레시피

1. 달래 한 단을 구매한 상태 그대로 고무줄로 가볍게 고정한 후 뿌리 부분부터 흐르는 물에 담가 흔들어 씻는다. 알뿌리의 껍질을 벗기고 물에 넣어 흔들거나 작은 솔을 활용해 모래 등의 이물질을 제거한다. 뿌리를 깨끗이 세척한 후 고무줄을 빼내고 줄기 부분도 마저 흐르는 물에 담가 씻어 낸다.

2. 냄비에 간장과 물, 설탕을 넣고 설탕이 녹을 만큼 한소끔 끓인다. 마지막에 식초를 넣은 후 불을 끄고 충분히 식힌다.
   nupi's tip — 간장, 물, 식초, 설탕은 2:2:1:1의 비율로 맞춥니다.

3. 3~4등분해 먹기 좋은 크기로 썬 달래를 용기에 가지런히 담은 후 식은 간장물을 붓는다.

4. 바로 냉장고에 넣어 보관하면 다음 날부터 먹을 수 있다. 묵무침, 고기 요리의 소스, 비빔밥 재료 등으로 다양하게 활용해 보자.

제 철 에 넉 넉 히 만 들 어 두 는

홈메이드 오이피클

/

INGREDIENTS

오이 3개, 당근 1/2개, 레몬 슬라이스 2~3개(선택),
월계수 잎, 통후추(혹은 피클링스파이스),
단촛물(식초 400ml+물 300ml+설탕 200ml+소금 1+1/2작은술)

HOW TO

1. 냄비에 식초와 물, 설탕, 소금을 넣어 단촛물을 만들고 한 번 끓어오를
   만큼 끓인 후 불을 끄고 충분히 식힌다.

2. 오이는 소금에 문질러 세척하고, 당근은 물로 세척한 후 필러로 껍질을
   얇게 벗겨 준비한다.

3. 준비한 채소를 1cm 정도 두께로, 또는 한입 크기로 썬다.

4. 소독된 유리용기에 썬 채소와 레몬 슬라이스, 월계수 잎, 통후추 등을
   모두 담는다.

   nupi's tip — 월계수 잎과 통후추 등의 향신료는 음식에 향을 더해 주는 것
   은 물론이고 감칠맛을 냅니다. 특히 월계수 잎은 방부 효과가 있어 저장식
   에 넣으면 좋아요.

5. 단촛물이 충분히 식었다면, 유리용기에 채소가 전부 잠길 만큼 붓는
   다. 뜨거운 단촛물을 넣을 경우 채소가 물러질 수 있으므로 주의할 것.

6. 밀폐한 후 냉장보관하면 하루나 이틀 뒤부터 먹을 수 있다.

   nupi's tip — 일반적인 피클 레시피는 물과 식초, 설탕이 같은 분량으로 들
   어가는 것이지만 직접 만들어 먹을 때는 설탕의 양을 줄여도 좋아요. 저는
   설탕은 반으로 줄이고 소금을 살짝 더 넣어 만듭니다. 오이에서 나올 수
   분을 생각해 단촛물은 살짝 달콤하고 짭짤한 맛이 나도록 조절하면 됩니
   다. 각자 입맛에 맞게 재료를 가감하며 나만의 레시피를 완성해 보세요.

제주에도 레몬이?

봄날의 레몬

/

INGREDIENTS

레몬 3개(300g), 비정제설탕 300g(레몬과 1:1 비율),
꿀 2~3큰술(선택)

nupi's tip — 제주 레몬
어여쁜 연둣빛을 띤 제주 레몬은 1월부터 이른 봄까지 맛볼 수 있답니다. 대
부분 유기농이거나 무농약으로 재배되기 때문에 더욱 안심할 수 있어요. 제주
레몬은 수확 초기에 연둣빛을 띠다가 점차 노란색으로 변해 간다고 합니다.
또한 기후 차이로 인해 수입 레몬보다 속껍질이 두껍고, 간혹 쓴맛이 나는 것
도 있습니다.

레몬 세척 및 보관법

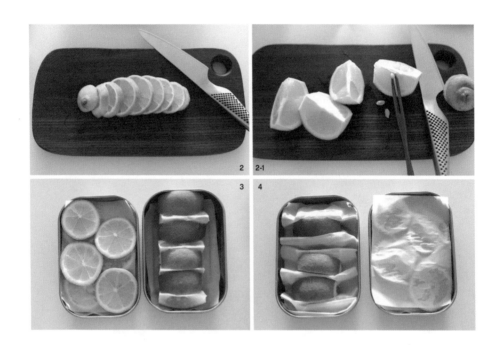

1. 흐르는 물에 레몬을 가볍게 헹군 후 과일 세
   정용 칼슘파우더를 푼 물에 잠시 담가 둔다.
   그 후 다시 흐르는 물에 뽀득뽀득 세척한다.
   nupi's tip — 유기농 레몬이 아닐 경우 베이킹
   소다를 뿌리고 손으로 문질러 1차로 세척한 다
   음 위의 방법대로 한 차례 더 세척합니다.

2. 물기 없이 보송하게 마른 레몬을 용도에 따
   라 알맞은 크기로 썬 후 용기에 담아 냉동보
   관하면 오랜 기간 두고 먹을 수 있다. 원하는
   대로 얇게 저미거나 여러 조각으로 큼직하게
   썰어 보자. 이때 씨는 제거하는 것이 좋다.

3. 용기에 담을 때는 레몬이 서로 붙지 않게 종
   이 포일이나 비닐로 분리해 주는 것이 좋다.
   얇게 썬 레몬을 층마다 포일이나 비닐을 한
   장씩 깔고 켜켜이 쌓는다.

4. 용기에 레몬을 모두 담았다면 맨 위쪽에도
   종이 포일이나 비닐을 한 장 덮은 후 뚜껑을
   닫아 냉동보관한다. 이렇게 보관해 두면 요
   리 중에 레몬이 필요할 때 간편하게 활용할
   수 있어 좋다.
   nupi's tip — 만약 며칠 내로 다 먹을 예정이라
   면 구입 후 그대로 냉장보관합니다.

새콤달콤, 레몬청

1. 깨끗이 세척한 후 물기를 없앤 레몬을 0.5cm 정도의 두께로 얇게 썬다. 씨가 들어가면 청에서 쓴맛이 나므로 씨는 제거한다.

2. 커다란 스테인리스 볼에 슬라이스 레몬과 설탕을 1:1 분량으로 넣고 꼼꼼히 버무린 후 뚜껑을 덮거나 랩을 씌워 실온에서 숙성한다.
   nupi's tip — 화학적 정제 과정을 거치지 않아 사탕수수의 영양소를 그대로 간직한 비정제설탕을 사용하는 것을 추천합니다. 향과 맛도 더욱 풍부해져요.

3. 설탕이 레몬 과즙과 섞여 녹으면 유리병에 담는다. 맨 윗부분을 꿀이나 설탕으로 살짝 덮어 준 뒤 뚜껑을 닫아 냉장보관한다. 이렇게 완성한 레몬청은 차나 에이드 등의 음료는 물론 소스를 만들 때 활용해도 좋다.

유리병 WECK 제품

기 다 림 의   미 학

매 실 청   담 그 기

/

INGREDIENTS

황매실 5kg, 비정제설탕(혹은 황설탕) 5kg

HOW TO

---

1. 이쑤시개나 꼬치 등 끝이 뾰족한 도구로 매실 꼭지를 제거한다. 꼭지에
   서 떫은맛이 나므로 반드시 제거해야 맛있는 매실청을 담글 수 있다.
   nupi's tip — 매실청은 과실을 통째로 사용하는 만큼 유기농을 선택하는
   것이 좋아요. 6월 이후에 수확된 황매실은 씨앗의 독성이 낮으며, 청매실
   에 비해 좀 더 향긋하고 부드러운 맛이 납니다. 색이 선명하고 과육이 무
   르지 않은 것으로 골라 보세요.

2. 꼭지를 제거한 매실을 물로 충분히 세척한 후 건조한다. 깨끗한 행주
   로 물기를 닦아 내도 좋다.

3. 발효용기에 매실과 설탕을 한 층 한 층 번갈아 가며 켜켜이 담는다.
   nupi's tip — 발효용기는 완벽히 밀폐되는 것보다 어느 정도 공기가 순환
   되는 것이 좋아요. 밀폐용기는 숙성 시 중간중간 가스를 빼 주어야 합니다.

4. 맨 윗부분은 매실이 전혀 보이지 않도록 설탕으로 도톰히 덮는다.

5. 설탕이 다 녹기 전(약 1개월 이내)까지는 상태를 잘 살피며 소독된 주걱
   등으로 바닥을 저어 가며 설탕을 완전히 녹여 준다.

6. 설탕이 다 녹은 후에도 위로 떠오른 매실을 중간중간 청과 섞어 주며
   과육의 표면이 상하지 않도록 관리한다.

7. 약 100일이 지나면 과육을 건져 내고, 유리용기에 청을 담아 약 1년간
   서늘한 곳이나 냉장실에 보관한다. 적어도 1년은 두어야 제대로 숙성
   한 맛이 난다.

만든 지 100일 후의 모습

발효용기 노다호로 제품(법랑 셀통 10L)

집 에 있 는 재 료 로

간 단 드 레 싱

/

육류와 어울리는 간장드레싱

맛간장 2큰술+매실청 1큰술+참기름 1큰술+참깨 0.5큰술+설탕 0.5큰술
+허브소금 한 꼬집+후추 조금

nupi's tip — 간장드레싱은 얇게 썬 스테이크나 차돌박이 등과 잘 어울립니
다. 대파나 양파를 채 썰어 찬물에 담가 아린 맛을 뺀 후 간장드레싱을 곁들여
먹어도 좋아요.

샌드위치·콥샐러드에 어울리는 렌치드레싱

마요네즈 2큰술+생크림(혹은 요거트) 2큰술+레몬즙 1큰술+허브소금1/3작
은술(혹은 다진 양파 1작은술+ 소금 한 꼬집)+꿀 1/2작은술+후추 조금

nupi's tip — 마요네즈와 생크림(요거트)의 비율은 취향에 따라 조절합니다.

해산물과 샐러드에 어울리는 레몬드레싱

레몬청(혹은 레몬즙+꿀) 2큰술+올리브오일 2큰술+소금·후추 조금

간장드레싱

렌치드레싱

레몬드레싱

따스함을 머금고 있는 나무 제품. 특유의 자연스럽고도 편안한 느낌이 좋아 줄곧 사용하게 됩니다. 나무의 향도 좋고 가볍다는 것도 큰 장점이지요. 무엇보다 주변을 예쁘게 만들어 주는 살림이다 보니 집 안 곳곳에 자꾸만 나무 소품을 두게 돼요. 나무 식기는 왠지 관리가 까다로울 것 같지만 조금만 신경 쓰면 오랫동안 예쁘게 사용할 수 있답니다.

나무그릇 관리 팁

1. **세척 시 세제를 사용하지 않는다**

   나무는 수분을 흡수하므로 설거지할 때에도 세제를 사용하지 않는 것이 좋다. 만약 오염이 심해 물세척만으로 부족하다면 차를 우려내고 남은 티백으로 닦아 내거나 찻물에 잠시 담가 두었다가 물로 씻으면 수월하게 세척할 수 있다. 설거지 후에는 그대로 방치해 말리는 것보다 마른행주로 물기를 바로 닦아 보관하는 편이 좋다.

2. **습기와 건조에 약하다**

   나무가 좀 건조해 보인다면 헝겊이나 키친타월에 호두오일, 아마씨오일 등의 건성유를 묻혀 여러 번 문질러 기름을 먹인다. 손질 후에는 볕이 강하지 않은 서늘한 곳에서 건조한다. 완벽히 건조한 후에는 다시 통풍이 잘되는, 습하지 않은 곳에 두고 보관할 것.

이런저런 살림살이가 많지만, 그중에서도 예쁜 살림을 꼽자면 단연 (하얀) 법랑입니다. 하지만 가장 늦게 들인 살림이 바로 법랑이었어요. 금속 표면 위에 도자기를 입혀 만드는 법랑은 아무래도 편하게 사용할 수 있는 살림은 아니에요. 그래서 조금 망설이다 장만했는데, 몇몇 주의할 점만 잘 지킨다면 법랑도 써 볼 만하답니다. 특히 식탁 위에 놓을 만한 크기의 냄비나 밀크팬은 꽤나 쓰임이 좋더라고요.

법랑 사용 시 주의할 점

1. 법랑은 급격한 온도 변화와 충격에 민감하다. 뜨거운 상태에서 사용하다가 갑자기 찬물로 헹구는 등 도자기 표면에 자극이 될 만한 일은 피할 것.

2. 센 불에서 사용하지 않는다. 가스레인지에 올려 가열할 경우 법랑 바깥쪽으로 불꽃이 나오지 않을 정도로 불을 줄여 사용한다.

3. 거친 수세미 사용은 금물. 설거지할 때는 부드러운 수세미를 사용해야 하며, 법랑이 변색되었거나 음식물이 눌어붙었다면 물에 충분히 불리거나 물에 베이킹소다를 푼 후 끓여서 제거한다.

법랑 살림 노다호로, 후지호로 제품

무얼 먹어야 하나, 하는 고민 못지않게 어디에 담아야 더 곱고 예쁠까, 하는 고민이
들죠. 내 살림을 꾸리게 되면서 조금씩 늘어난 그릇살림에서 유기, 놋그릇도 빼놓
을 수 없답니다. 가격이 꽤 나가는 편이라 한 번에 많이 사들이진 못하고 여유가 날
때마다 한 개씩, 또 한 개씩 모으고 있어요. 유기가 많은 편은 아니지만 그래도 이
정도면 되었다 싶어요. 유기는 유기끼리 모아 두어도 멋지지만 깨끗한 도자기와의
조합도 아주 근사합니다. 식탁 위 은은한 포인트가 되어 주는 유기, 어떻게 관리해
야 할까요?

유기 첫 손질
처음 구입한 유기에서는 특유의 냄새가 날 수 있다. 물 1.5L에 식초 2큰술을 넣고
유기를 15~30분 정도 담가 둔 후 세제로 씻어 낸다. 그 후 사용할 때는 다른 식기
와 동일하게 세제로 설거지하고 그대로 두어 건조한다.

변색된 유기 관리
일부 변색되었거나 얼룩진 유기는 물기 없는 상태에서 유기 전용 수세미로 문질
러 준다. 이때 본래의 결을 따라 문지르는 것이 좋다. 유기는 자주 사용할수록 유
기의 고유한 색감이 나오며, 오래 사용하지 않으면 탁한 색으로 변한다.

유기 오부자 방짜유기, 놋담 제품

반짝반짝 매끈한 모양새가 매력적인 스테인리스. 오래도록 사용할 수 있고, 환경호르몬이 나오지 않는다는 큰 장점이 있지요. 개인적으로도 꽤 선호하는 키친툴 소재랍니다. 다만 조리 시 음식물이 눌어붙는 경우가 잦기 때문에 평상시 관리 요령이 살짝 필요합니다.

스테인리스 첫 손질

1. 헝겊이나 키친타월에 식용유를 묻혀 구석구석 닦아 낸다. 특히나 연마제가 많이 묻어 있는 이음매의 굴곡진 부분을 위주로 연마제가 더 이상 묻어나지 않을 때까지 닦는다.
2. 수세미에 주방용 만능세제를 묻혀 문지른 후 뜨거운 물로 세척한다.
3. 작은 조리도구는 큰 냄비에서 가볍게 삶는다. 이때 물에 식초를 소량 추가해 끓이면 소독 효과까지 있어 더욱 좋다. 물 1L당 식초 1작은술 정도의 양을 넣으며, 삶은 후에 다시 헹구어 낼 필요 없다.
   nupi's tip — 과탄산소다를 이용해 스테인리스 조리도구를 열탕 소독하는 방법은 134쪽을 참고하세요.
4. 세척 후에는 완전히 건조해 보관한다.

스테인리스 평소 세척법

1. 미네랄 얼룩 같은 가벼운 때는 주방용 만능세제를 넣고 문질러서 제거한다.
2. 음식물이 눌어붙었거나 잘 제거되지 않는 얼룩이 있다면 냄비에 20% 정도 물을 채우고 과탄산소다를 넣어 끓인다. 거품이 보글보글 올라오면 불을 끄고 오염도에 따라 잠시 방치하거나 바로 흐르는 물에 헹구고 수세미로 오염 부위를 문지른 후 물로 깨끗이 씻어 내고 건조한다. 물 1L당 과탄산소다 10~15g의 양이면 충분하니 참고할 것.

열에 강하고 유연한 실리콘. 병의 주입구나 조리도구 등에서 쉽게 찾아볼 수 있는 소재예요. 소재 특성상 흠집이 잘 나고 쉽게 착색되곤 하지만 주기적으로 열탕 소독을 하면 좀 더 위생적으로 사용할 수 있답니다.

실리콘 소재 열탕 소독

1. 물에 베이킹소다를 풀고 끓인다(물 2L당 베이 킹소다 1큰술).
2. 세척해 둔 실리콘 소재의 주방용품을 끓는 물 에 넣고 2~3분가량 삶는다.
3. 열탕 소독을 마친 주방용품을 흐르는 물에 헹 군 후 건조한다.

• 실리콘 부분의 오염이 심할 경우에는 쌀뜨물에 반나절 정도 담가 둔 후 열탕 소독을 한다.
• 열탕 소독이 번거롭다면 전자레인지를 이용하자. 설거지 후 물기가 있는 상태 또는 물을 분무한 실리콘 주방용품을 전자레인지에 넣고 30초간 가열한다. 1000W는 20~30초, 700W는 40~50초 작동.

반찬통 실리콘 패킹 세척

반찬통 뚜껑의 실리콘 패킹은 전용 틈새솔로 분리해 별도로 세척한다. 실리콘 패 킹은 착색되기 쉬운데, 착색이 심한 경우 과탄산소다를 푼 물에 3분 이내로 삶은 후 흐르는 물에 헹군다. 실리콘 패킹을 제대로 세척하지 않고 보관할 경우 곰팡이 가 생길 수 있으므로 주의할 것.

• 전용 틈새솔이 없을 경우 젓가락 끝으로 패킹을 분리해 칫솔 등으로 틈새를 닦아 낸다.

틈새솔 티제이홈 제품

여 름 살 림

SUMMER

거
실
·
화
장
실

장마를 대비하는 자세

선선하게 살랑이던 봄바람이 멈추고 습한 공기가
집 안을 눅눅하게 만들 때쯤, 슬슬 여름을 대비해
야겠단 생각이 듭니다. 점점 더 습해지는 환경을
대비하는 집안일이 대부분이에요. 비교적 통풍이
어려운 수납장 내부를 점검하고 서늘한 곳에 보
관하고 있던 먹거리는 냉장실로 옮겨 두어요. 화
장실과 주방처럼 습한 공간에 초를 켜 두는 것도
좋은 방법입니다. 습기는 물론 냄새까지 잡아 주
니까요. 아늑한 분위기는 고마운 덤이겠지요.

습 기 제 거 제   재 활 용

/

집집마다 옷장에 한두 개씩 있는 습기제거제의 반투명 케이스. 왠지 한 번
사용하고 버리기엔 아깝지 않나요? 사용한 케이스에 염화칼슘만 새로 넣
으면 얼마든지 재활용할 수 있답니다. 습기제거제 전용 케이스가 아니어
도 좋아요. 적당한 용기에 염화칼슘을 넣고, 윗부분에 한지를 덮으면 습기
제거제 완성입니다.

HOW TO

1. 다 쓰고 남은 습기제거제를 뜯어 케이스 바닥의 물을 제거한 후 케이스
   를 물로 세척하고 완전히 건조한다. 케이스와 함께 염화칼슘 200~250g,
   야자활성탄 100g, 한지 또는 부직포를 준비한다.
   nupi's tip — 야자활성탄은 생략해도 무방하지만, 습기 제거뿐만 아니라
   탈취에도 효과적이라 사용하면 더 좋아요.
2. 케이스 윗부분의 사이즈에 맞추어 한지를 잘라 둔다.
3. 케이스 내부에 받침대를 고정해 두고 그 위에 염화칼슘과 야자활성탄
   을 넣는다.
4. 잘라 둔 한지를 케이스 윗면에 직접 붙이거나 뚜껑으로 고정한다.
5. 옷장과 이불장, 신발장 등에 두루 넣어 둔다. 염화칼슘이 모두 젖어 액
   체가 되면 케이스를 세척한 후 습기제거제를 새로 교체한다.

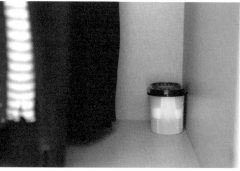

현 관 · 신 발 장   관 리

/

외출했다 돌아오거나 집에서 나갈 때, 손님을 맞이할 때, 우리 집의 가장 처음이자 마지막 공간이 바로 현관이죠. 다른 공간에 비해 오래 머무는 곳은 아니지만 집의 첫인상을 좌우하는 중요한 역할을 맡고 있답니다. 바쁜 아침에, 혹은 지친 상태로 마주하는 공간이기도 해 쉽게 어질러지기 때문에 현관 청소는 자주자주 해 두는 편이 좋아요.

LIVING LIKE

- 현관 청소와 신발장 정리는 떼려야 뗄 수 없는 관계. 신발을 정리하는 것이 곧 현관을 치우는 것과 같은 의미이기 때문이다. 계절에 맞지 않는 신발을 신발장 안에 넣는 것부터 시작한다. 신발장에는 꺼내기 쉬운 칸에 자주 신는 신발을 두는 등 착용 빈도수에 따라 정리한다.
- 신발장 아래에 남는 공간이 있다면 스테인리스 압축선반을 설치해 수납 칸을 마련해도 좋다. 자주 신는 신발을 올려 정리할 수 있는 공간이 생긴다. 압축선반은 각 봉들이 양쪽 벽에 가하는 압력만으로 고정할 수 있기 때문에 별도의 공구 없이 설치할 수 있어 편리하다.
- 신발장에는 습기제거제와 실리카겔, 탈취에 효과적인 야자활성탄 파우치 등을 넣어 둔다. 포장되어 있는 실리카겔을 신발 안에 하나씩 넣어 두면 신발 내부의 습기를 제거하는 데 도움이 되며, 야자활성탄은 육수 낼 때 사용하는 부직포 팩에 넣어 윗부분을 돌돌 말아 봉한 후 세탁하기 어려운 가죽신발 옆에 두면 탈취에 좋다.
- 현관 청소용 빗자루는 작은 사이즈로 구비해 둔다. 먼지가 쌓일 때마다 자주 청소할 수 있도록 눈에 잘 보이는 곳에 두는 것도 좋은 방법.

운동화 세탁

1. 운동화가 들어갈 만큼 넉넉한 크기의 비닐봉지와 세탁용 과탄산소다를 준비한다.
   nupi's tip — 과탄산소다는 강알칼리 성분이므로 장갑을 껴 손을 보호해주세요.
2. 미온수 2~3L에 과탄산소다 2큰술을 넣고 잘 섞어 녹인다.
3. 비닐봉지에 과탄산소다를 녹인 물과 운동화를 넣고 최소 2시간에서 반나절 이내로 방치한다. 운동화가 많이 오염된 상태라면 흐르는 물에 겉면의 먼지를 간단히 제거한 후 봉지에 넣을 것.
4. 반나절이 지난 후 운동화를 꺼내고, 칫솔에 과탄산소다를 묻혀 얼룩을 문지르며 세척한다.
5. 물에 여러 번 담가 헹군 다음 세탁망에 넣어 세탁기로 탈수한다.
6. 탈수한 운동화를 집게 등으로 건조대에 매달아 고정한 후 완전히 건조한다.

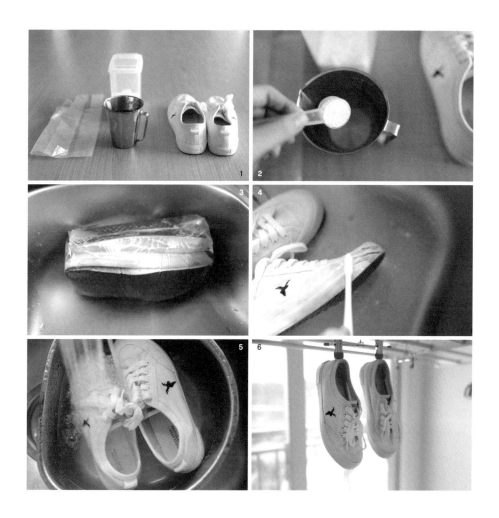

비 오 는 날

창 틀 청 소

/

미세먼지 많은 날이 반복되다 보면 깨끗했던 창틀도 금세 더러워지곤 해요. 집 안은 청결하게 유지하면서도 창틀은 관리에 소홀해지죠. 자주 관리하기 어렵다면 비 오는 날 한 번씩 청소하자는 것이 저의 팁입니다. 비가 내려 물기를 머금은 상태에서 창틀의 먼지를 좀 더 쉽게 제거할 수 있거든요. 비 오는 날마다 조금씩 창틀을 관리해 볼까요?

LIVING LIKE

- 헝겊이나 물티슈, 나무젓가락, 끝이 뾰족한 꼬치, 그리고 주방세제를 소량 준비한다. 헝겊(또는 물티슈)에 주방세제를 소량 묻힌 후 창틀에 넣고 나무젓가락으로 구석구석 문질러 먼지를 닦아 낸다. 안쪽의 모서리는 뾰족한 꼬치를 사용해 청소하는 것이 더욱 효과적이다.

  nupi's tip — 오염이 심하다면 주방세제에 베이킹소다 0.5작은술, 미온수 50~70ml를 섞어 헝겊이나 티슈에 흥건히 적신 후 창틀을 닦습니다. 이때 세제가 많으면 거품이 많이 생겨 불편할 수 있으니 세제는 한 방울 정도만 넣어 주세요.

- 비에 젖은 방충망은 극세사 양말(수면양말)을 이용해 청소한다. 물에 적신 양말을 꼭 짠 후 손에 끼워 방충망을 구석구석 닦아 먼지를 제거한다. 주방 쪽 창이나 오염이 심한 방충망은 스팀청소기를 이용해 강한 스팀으로 묵은 때를 제거한다.

기 분 좋 은 화 장 실

/

하루에도 몇 번씩 드나드는 곳, 우리의 청결을 담당하는 곳인 동시에 우리가 혼적을 많이 남기는 공간이기도 해요. 그렇기 때문에 화장실은 되도록 간결한 상태로 유지하는 것을 선호합니다. 누구나 편리하게 사용하고, 청소도 간단하게 끝낼 수 있도록 말이에요.

LIVING LIKE

직관적인 수납

- 매일 쓰는 세정용품은 각자의 자리를 정해 배치한다.
- 손 세정제, 보디워시, 샴푸 등을 천연비누 하나로 통일해서 사용하면 좀 더 간결한 화장실을 만들 수 있다. 사실 세정 용도의 화장품 성분은 비슷비슷하므로 올인원 제품을 사용하는 것을 추천한다.
- 면봉, 치실 등과 같은 개인 위생용품은 각각 작은 수납 바구니에 분리해 화장실 내부의 수납장에 보관한다. 치약과 칫솔, 비누 등의 소모품 역시 쉽게 찾을 수 있도록 전용 수납 바구니에 따로따로 보관할 것.
- 청소도구는 손 닿기 쉬운 곳에 배치한다. 화장실 바닥은 물이 고여 있을 때가 많으므로 바닥 청소용 솔 등의 도구는 물이 잘 빠지도록 벽에 걸어 보관하는 것도 좋다. 바깥에서는 잘 보이지 않도록 문 뒤에 두는 것도 좋은 방법.

손쉬운 청소

- 화장실 청소 전용 세제를 만들어 두면 편하다. 주방세제와 베이킹소다를 3:1 정도의 비율로 섞으면 된다.
- 화장실은 크게 구획을 나누어 조금씩 청소한다. 세수하는 김에 세면대를 닦고, 목욕 후 욕조나 샤워부스를 청소하고 나오는 식이다. 화장실 청소에 대한 부담을 덜 수 있는 방법.
- 변기와 세면대·욕조의 청소도구는 분리해서 사용할 것.

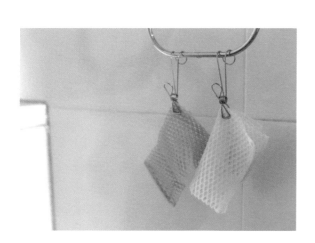

구석구석 화장실 청소

세면대/욕조

평상시에도 오염된 부분을 수세미로 문질러 그때그때 청소하고, 곰팡이나 물때가 잘 생기는 수도꼭지 주변이나 욕조 바깥쪽의 틈은 칫솔이나 청수세미에 화장실 전용 세제를 묻혀 청소한다. 물이 잘 내려가지 않을 때에는 배수구 전용 청소도구로 머리카락 등의 이물질을 빼낸다.

샤워기 호스

물때가 끼기 쉬운 샤워기 호스도 세제 묻힌 칫솔로 문질러 청소한다. 오염이 심하다면 멍키스패너로 호스를 분리해 세척할 것. 작은 대야에 미온수를 받은 후 과탄산소다를 1큰술 섞고 호스를 담가 2~3시간 때를 불린다. 그 후 칫솔로 문질러 마무리한다.

배수구

화장실 배수구는 겉으로 보이는 스테인리스 거름판까지 포함해 4개 정도의 부속품을 전부 분리해서 청소해야 하수구 냄새를 잡을 수 있다. 각 부속품은 물로 가볍게 헹군 후 화장실 전용 세제로 구석구석 닦고 물로 씻어 낸다. 세척 후에는 완전히 건조해 다시 차례대로 끼워 넣는다.

변기

변기는 내부와 외부의 청소도구를 구별해 사용한다. 내부는 변기솔로, 외부(변기 시트와 커버 등)는 전용 수세미를 두고 청소한다.

바닥·타일 줄눈

배수구 청소를 마무리한 후 바닥을 청소한다. 평소에는 화장실 전용 세제를 사용해 관리하며, 타일 줄눈의 오염이 심하다면 물과 과탄산소다를 1:1 비율로 섞어 줄눈에 발라 두었다가 칫솔로 문질러 닦아 낸다. 이미 생긴 곰팡이 얼룩을 완벽히 없애기는 힘들지만 락스에 적신 휴지를 올려 두었다가 닦아 내는 것도 방법. 바닥 물청소를 끝낸 후에는 스퀴지로 물기를 제거해 화장실에 습기가 차지 않도록 관리한다.

환기

화장실을 관리하는 데 가장 중요한 것이 바로 환기다. 화장실 청소 후에는 바깥으로 습기가 유입되지 않도록 화장실 문을 닫고 환풍기를 켠다. 화장실 안에 향초를 함께 켜 두면 좀 더 효과적으로 습기를 제거할 수 있다.

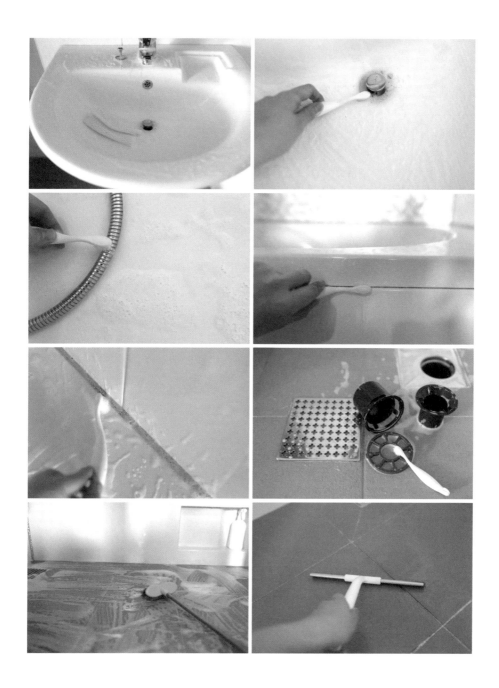

보 송 보 송

수 건 관 리

/

도톰하고 보송한 수건을 착착 개어 놓은 모습은 언제 보아도 기분 좋아집
니다. 수건은 관리하기 까다로운 소재가 아니기에 세탁과 건조만 신경 써
주어도 문제없어요. 사용한 후에는 건조하여 모아 두었다가 한꺼번에 세
탁합니다. 용도와 사용 횟수에 따라 조금씩 다르겠지만 집에서 쓰는 수건
은 보통 2년 주기로 교체하는 것이 위생적이라고 하니 참고해 주세요.

LIVING LIKE

- 수건은 사용 후 건조해 완전히 말린 것을 빨래통에 모아 두었다가 한 번
  에 세탁한다. 40도 이하의 물을 넣어 표준 코스로 세탁하며, 세탁세제
  (세탁용 탄산소다)만을 사용할 것. 섬유유연제를 넣으면 수건의 물 흡수
  력이 떨어진다.
- 여름철에는 수건을 소독해서 사용하는 것이 좋다. 세탁기의 삶음 코스
  를 활용하며, 세제 대신 살균 효과가 강한 과탄산소다를 넣는다.

수건, 풀리지 않게 접기 - 직사각형 모양

1. 수건의 기다란 면을 반 접고 또 한 번 반 접는다.
2. 다시 안쪽으로 모아 3등분하여 접는데, 이때 한쪽 끝을 다른 한쪽의 틈새에 밀어 넣으면 풀림을 방지할 수 있다.

수건, 풀리지 않게 접기 - 원기둥 모양

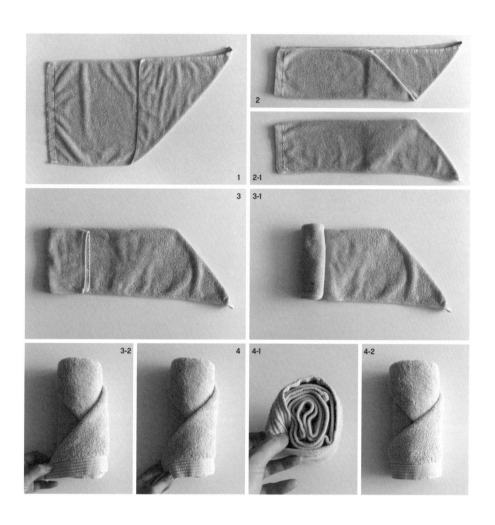

1. 수건을 가로로 길게 펼친 후 한쪽 모서리를
   잡고 가로 면의 중앙으로 삼각형을 접는다.
2. 세로 방향으로 반 접은 후 수건을 뒤집는다.

3. 삼각형으로 접지 않은 쪽부터 돌돌 말아 준
   다. 맨 처음에 끝부분을 한 뼘 길이로 접은
   후 말면 좀 더 단단하게 말린다.
4. 마지막에 남는 뾰족한 부분을 돌돌 말린 아
   래쪽의 틈새에 넣어 고정한다.

주
방

엄마의 여름숙제

온 가족 건강 살피기, 여름 내내 이어지는 엄마의
숙제입니다. 이맘때 유독 아이들의 잔병치레가
잦고, 덥고 습한 날씨에 주방 집기를 소독하는 데
에도 더욱 신경 쓰게 되지요. 마시는 물과 먹거리
점검도 필수입니다. 덥다고 찬 것만 찾지 말고,
따뜻한 차 한잔 마시며 여름의 주방살림을 시작
해 볼까요?

위 생 주 의

여름의 주방

/

무더위가 시작되면 주방도 조금쯤 한가로운 느낌이에요. 뜨거운 음식은
피하고 싶고 시원한 음식, 간단한 음식을 자꾸만 찾게 되고요. 하지만 이
맘때엔 주방 위생을 더욱 철저히 관리해야 합니다. 덥고 습한 날이 지속되
면 주방도 금세 눅눅해지고, 자칫 방심하면 배수구에서 냄새가 날 수도 있
어요. 하루에 몰아서 하려면 힘든 집안일, 그때그때 해치우자고요.

LIVING LIKE

싱크대 청소

- 설거지 마무리에 세제 묻은 수세미로 싱크대를 전체적으로 문질러 평
  소에도 매일 관리한다. 주 1회씩은 싱크대와 수전 주변부에 베이킹소
  다를 뿌린 후 칫솔로 구석구석 닦아 낸다.
- 배수구 역시 평상시엔 설거지 마무리에 전용 솔로 닦아 주며, 주 1회씩
  은 거름망을 모두 꺼내 베이킹소다를 넉넉히 뿌린 후 거품을 내 세척한
  다. 세척 후에는 완전히 건조해 다시 끼운다.

싱크대 상판 및 상부장 청소

- 싱크대 상판은 자주 행주질하기 때문에 소홀해지기 쉽지만 의외로 기
  름때와 먼지가 많은 곳. 이따금씩 주방세제와 베이킹소다를 섞어 상판
  구석구석을 솔질한다. 부드러운 솔을 사용해야 좀 더 쉽게 때를 제거
  할 수 있다. 거품을 충분히 내서 솔질한 후에는 스퀴지를 활용해 거품
  을 걷어 내고, 젖은 행주로 비눗기를 여러 번 닦아 낸다.
- 평소에는 물기 없는 상판에 소독용 알코올을 뿌린 후 마른행주로 닦아
  위생적으로 관리한다.
- 상부장의 기름때는 매직블록에 주방세제와 베이킹소다를 소량 묻힌
  후 문질러 제거한다. 매직블록을 사용한 후에는 젖은 행주, 마른행주
  순서로 몇 번 더 닦아 마무리한다.

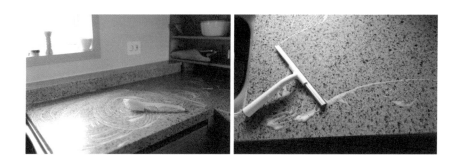

스테인리스 조리도구 소독

/

날이 습해지면 느슨했던 마음이 긴장되곤 해요. 특히 주방에서는 더욱이
요. 냉장고도 한 번 더 살피게 되고, 삶아 소독할 건 더 없나 찾게 돼요. 가
족들 입에 매일 닿는 것은 말할 것도 없겠지요.
스테인리스 조리도구 중에서도 냄비나 팬은 대부분 가열하며 사용하지만
수저나 가위, 집게 등은 그렇지 않기에 주기적으로 소독해 주어야 합니다.
열과 습기에 강한 소재라 해도 계속 사용하다 보면 미세한 흠집이 생기기
때문에 끓는 물에 소독하는 것이 위생적이에요. 덤으로 새것처럼 반짝반
짝해지는 기분 좋은 효과까지 있답니다.

HOW TO

1. 커다란 잼포트에 수저, 집게 등의 스테인리스 조리도구를 모두 모아 넣
   은 후 이들이 충분히 잠기도록 물을 받는다.
2. 물 1L당 과탄산소다 10g을 넣고 10분 이내로 삶는다.
3. 열탕 소독을 마친 조리도구들을 흐르는 물에 뽀득뽀득 씻고 충분히 헹
   군다.
4. 깨끗한 행주나 소창 등으로 하나하나 닦아 물기를 제거한다.
5. 살균을 위해 넓은 쟁반에 조리도구들을 펼쳐 놓고 쨍한 볕에서 다시 한
   번 소독한다.

   nupi's tip — 스테인리스 소독은 볕이 뜨겁고 좋은 날에 합니다. 플라스틱
   소재와 혼합된 스테인리스 조리도구는 입구가 좁고 긴 형태의 포트에 세
   워서 넣은 후 가볍게 열탕 소독을 합니다. 이때 플라스틱 부분이 물에 닿
   지 않도록 주의하세요.

잼포트(9L) 벨라쿠진 제품

여 름 엔 유 리 컵

유 리 열 탕 소 독

/

건조하면서 기분 좋게 바람 부는 날은 유리컵 소독하기 딱 좋은 날이랍니다. 창을 활짝 열고 바람이 잘 드는 자리에 유리컵 건조할 자리를 미리 마련해 두고요, 찬물에 컵과 병을 담가 함께 우르르 끓이면 끝!

시원한 음료가 절로 생각나는 여름날엔 찬장 한편에 있던 유리컵과 그릇들을 모두 꺼내게 됩니다. 여름 내내 자주 사용할 아이들이니 소독은 필수겠죠? 비교적 무겁고 깨지는 성질을 가졌지만 그것이 단점으로 느껴지진 않아요. 조금만 주의한다면 오래도록 위생적으로 사용할 수 있고, 친환경적이라는 아주 큰 장점이 있잖아요.

HOW TO

---

1. 커다란 잼포트의 안쪽 바닥에 소창 등의 면포를 깔고 찬물을 받는다. 물의 양은 포트의 80%를 넘지 않는 선에서 병의 높이보다 좀 더 높게 채운다.

   nupi's tip — 바닥에 면포를 깔면 물이 끓을 때 유리가 포트의 바닥과 직접 부딪히지 않아 좀 더 안정감 있어요.

2. 유리컵과 유리병 등을 세워서 넣는다. 물 속에 전부 잠기는 것이 좋지만 긴 유리병이라면 뒤집어서 반 이상 물이 채워지도록 세운 후 끓인다.

3. 5분 정도 끓인 후 집게로 모두 꺼낸다. 물을 충분히 털고 뒤집어서 1분 정도 방치한 후 바로 세우면 유리컵과 병에 남아 있는 열로 내부의 습기가 증발한다. 유리병의 입구가 좁다면 증발 속도가 더디므로 뒤집어서 건조대에 올려놓고 천천히 말린다.

   nupi's tip — 만약 유리병에 음식 냄새가 배었다면 유리병에 물을 가득 채우고 과탄산소다를 풀어 하루 정도 방치해 두었다가 열탕 소독을 합니다 (물 1L당 과탄산소다 10g).

뿌 듯 한   첫   손 질

소 창 길 들 이 기

/

소창이 착착 개어진 모습을 보면 마음이 차분해집니다. 면이나 리넨도 좋지만 주방에서 사용하기 가장 좋은 재질은 바로 소창이 아닐까 싶어요. 흡습력이 월등할 뿐만 아니라 소재 특성상 먼지나 보풀이 일어나지 않고, 삶고 나면 더욱 톡톡해진답니다. 식탁 위나 주방의 이런저런 얼룩은 색이 있는 리넨 소재로 행주를 만들어 사용하지만, 그 외에 주방에서 손 씻고 물기를 닦거나 그릇의 물기를 닦는 용도로는 소창을 사용하고 있답니다. 처음엔 천연 그대로의 색으로 누런빛을 띠고 있지만 폭폭 삶고 나면 어느새 새하얗고 뽀얀 자태를 드러냅니다.

HOW TO

1. 구입한 소창을 수돗물에 1시간 이상 담가 1차로 풀기를 제거한다.
2. 풀기를 제거한 소창을 흐르는 물에 가볍게 헹군 후 빨래솥에 넣는다. 소창이 완전히 잠기지 않을 만큼만 물을 채우고 과탄산소다를 넣어 15분가량 삶은 다음 불을 끄고 1시간 정도 방치한다.

   nupi's tip — 색이 있는 소창이라면 물이 들 수 있으므로 바로 헹굽니다. 과탄산소다는 물 1L당 10g을 넣으면 적당해요.
3. 빨래솥에서 소창을 꺼내 흐르는 물에 헹군 후 건조한다.
4. 2~3번 과정을 5회가량 반복한다. 누런빛이었던 소창이 새하얘지며, 좀 더 견고해지면서 흡습력이 좋아진다.
5. 평소엔 손빨래가 어렵다면 세탁기로 세탁 및 탈수해도 무방하다. 단, 다른 세탁물과는 분리해 소창끼리 모아서 돌리는 것이 좋다. 이때도 무향의 세탁용 탄산소다를 넣어 세탁한다.

   nupi's ti — 1겹 소창은 치즈를 거르거나 두부의 물기 빼기, 찜보 등으로 활용합니다. 2겹 소창은 행주 등 물기 제거용으로, 3겹 이상은 타월로 사용하면 좋아요.

여러 번 삶아 새하얘진 소창과
천연 누런빛 그대로의 소창

나무도마 관리

/

나무도마에 채소를 동강동강 썰어 내는 소리가 참 좋아요. 나무도마는 관리만 잘하면 꽤 오래 사용할 수 있답니다. 통나무를 직접 가공하여 만든 것으로 선택해야 하며, 흠집이 나도 도마 자체의 일어남이 심하지 않은 것이 좋은 나무도마예요. 편백나무, 호두나무, 블랙우드 등 여러 수종의 나무도마를 사용해 보았는데, 비교적 가볍고 칼집이 나더라도 결이 잘 일어나지 않는 것은 캄포나무였어요. 각자 원하는 도마를 선택하면 되지만, 나무도마가 처음인 분들께는 캄포도마를 조심스레 추천해 봅니다.

HOW TO

평소 관리법

1. 나무도마를 사용한 후에는 사용한 면과 사용하지 않은 면 모두 번갈아 세척한다. 흡수와 변색의 위험이 있으므로 세제와 베이킹소다는 절대 사용하지 않는다. 부드러운 솔로 구석구석 문질러 잘 닦아 낼 것.
2. 세척한 도마는 마른행주로 물기를 닦은 후 세워서 건조한다.
3. 통풍이 잘되는 건조한 곳에 보관한다.

흠집 관리법

1. 자주 사용해 칼집이 나고 나무의 결이 상했다면 완전히 건조한 상태에서 거친 사포, 고운 사포 순서로 문질러 나무도마 표면의 흠집을 제거한다. 이때 흠집 난 곳 위주로 사포질을 하는 것이 아니라 전체적으로 문질러 도마의 수평면을 잘 맞추어야 한다.
2. 부드러운 솔이나 마른행주 등으로 가루를 잘 털어 낸 후 스펀지에 호두오일, 아마씨오일 등의 건성유를 소량 묻혀 구석구석 도포한다.
   nupi's tip — 불건성유를 사용할 경우 산패할 수 있으니 주의합니다.
3. 오일 마감 후 하루 이상 보관한 다음 사용한다.

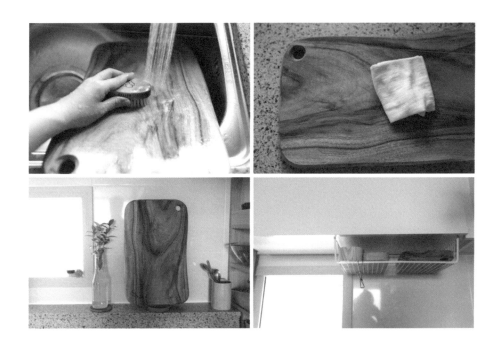

수 박 소 분

/

여름엔 꼭 먹어야 하는, 달콤하고 시원한 맛이 너무 좋은 수박. 다 좋은데
딱 한 가지, 번거로운 손질 때문에 꺼내 먹기가 좀 부담스러운 것은 사실
이에요. 과일은 대부분 먹기 직전에 바로 손질해야 가장 맛있지만 수박은
미리 소분해 통에 넣어 두어는 과정이 필요하답니다.

수박 한 통을 사면 반을 쪼개 반은 통째로 전용 용기에 보관해 두고, 나머
지는 한입 크기로 소분해 냉장고에 넣어 둡니다. 소분 시 과육에는 최대한
손을 대지 않고, 과일 전용 도마에서 청결하게 손질해 바로 통에 옮겨 두
면 더욱 신선하게 즐길 수 있겠죠?

HOW TO

1. 흐르는 물에 수박을 세척한 후 물기를 닦아 준비한다.
2. 도마에 올려 반을 쪼개고, 반 통을 다시 2등분한다.
3. 다시 2등분해 세 면이 삼각형 모양이 된 수박을 일정한 두께로 썬다.
4. 한 조각씩 직사각형 면을 따라 일정한 두께로 썬다.
5. 직사각형 수박 한 조각을 한입 크기로 썰어 통에 넣는다.
6. 한입 크기로 썬 수박을 통에 한가득 채워 냉장보관하며, 이렇게 소분해
   둔 수박은 일주일 이내로 섭취한다.

#수박스타그램 #수테이크

수박 반 통을 위에서부터 4~5cm 정도 두께로 잘라
가장자리의 껍질만 제거한 후 평평한 원형 접시
에 그대로 올린다. 먹기 좋은 한입 크기로 잘라
내면 수테이크 완성.

도자기도마 은옥상점 제품

제 철 채 소 보 관

/

마늘, 양파, 감자 등 여러 채소가 나오기 시작하는 6월. 그래서인지 주부
에겐 좀 바쁜 달이기도 해요. 이때 조금만 부지런히 준비해 두면 몇 달은
마음이 넉넉해지거든요. 특히 양파나 마늘은 반년 이상을 두고두고 맛있
게 먹을 수 있답니다. 제철에 넉넉히 마련하여 저장해 두고 싱싱한 채소를
오래 즐겨 보세요.

HOW TO

마늘 장기 보관법

1. 통마늘의 겉껍질을 벗겨 낸 후 마늘쪽을 분리한다.
2. 보관용기에 크라프트지나 신문지 등을 깔고 마늘을 얇게 펼쳐서 넣는
   다. 중간중간 종이를 깔아 여러 층으로 구분해서 담고, 뚜껑을 닫기 전
   맨 위쪽에도 종이를 덮어 김치냉장고에 보관한다. 종이로 감싼 마늘을
   지퍼백에 담아 냉장보관해도 좋다.
3. 마늘을 감싸고 있는 종이가 축축해지면 새 종이로 갈아 주며 보관한다.
   습기 조절과 밀폐만 잘 신경 쓰면 다음해까지 두고 먹을 수 있다.

다진 마늘 보관법

1. 겉껍질을 벗겨 내 알알이 분리한 마늘을 물에 담가 30분 이상 불린다.
2. 불린 마늘의 껍질을 제거한 후 야채다지기 등을 이용해 물이 생기지 않
   도록 다진다.
3. 실리콘 얼음틀에 담아 큐브 형태로 냉동한 것을 다시 밀폐용기에 옮겨
   냉동보관한다.

필수 식재료, 양파

장기 보관법

- 양파는 껍질이 있는 상태 그대로 하나 하나 종이에 싸서 보관한다. 양파가 서로 직접적으로 닿지 않게 하기 위한 것으로, 종이에 감싼 양파는 다시 종이상자나 철제 바구니 등에 차곡차곡 담아 볕이 들지 않는 서늘한 공간에 둔다. 냉장보관 시 냉해를 입을 수 있으므로 주의할 것.
- 상자에 담을 때에는 층마다 종이를 한 장씩 깔아 가며 양파를 쌓는다.

단기 보관법

- 서늘하고 볕이 들지 않는 공간에 서로 맞닿지 않게 펼쳐 놓는다. 또는 바람이 잘 통하는 그물가방에 담은 후 매달아서 보관한다.

빛에 민감한, 감자

• 감자는 빛에 매우 민감하므로 빛을 차단하는 것이 무엇보다 중요하다. 종이상자에 바람이 통할 구멍을 작게 뚫은 후 감자를 담고 종이로 덮는다. 상자의 뚜껑도 닫아 어둡고 건조한 공간에서 보관한다.

nupi's tip — 제철 감자는 다른 시기에 나오는 감자보다 단단하며 비교적 오래 두고 먹을 수 있지만, 그래도 마늘과 양파와는 달리 오래 보관하기 어려운 채소입니다. 먹을 만큼 조금씩만 구입하세요.

떡
고
사
는
일

더울수록 달콤해지는

왠지 좀 지치는 여름날, 무더위로 짜증도 나지만 날이 더울수록 좋은 점도 있죠. 여름과일이 더 달콤해져 간다는 것. 제철 과일은 그때그때 야무지게 챙겨 먹어야 해요. 부족한 수분과 당을 한 번에 보충해 주는 고마운 여름과일들, 그중에서도 초여름에만 잠시 맛볼 수 있는 청포도가 있어요. 바로 '경조정'입니다. 씨가 없고 껍질째 먹어도 아주 달콤해 온 가족이 먹기 좋답니다. 생과로도, 얼려서도 다양하게 맛볼 수 있는 블루베리도 놓칠 수 없고, 생김새조차 예쁜 복숭아 역시 여름 하면 떠오르는 과일이지요. 달콤한 여름과일들 때문에 더위가 가는 것이 아쉬워집니다.

포슬포슬

미니 단호박 찌기

/

INGREDIENTS

7월 무렵 나오는 미니 단호박

(미니 밤호박, 보우짱이라고도 불러요)

nupi's tip — 단호박 보관법
단호박은 바람이 잘 통하는 바구니나 종이상자 등에 넣어 서늘하고 볕이 들지
않는 곳에 보관합니다. 꼭지 끝부분부터 곰팡이가 시작되므로 앞뒤로 확인하
며 통풍에 특히 신경 써야 해요. 냉동보관 시에는 맛이 현저히 떨어지므로 되
도록 먹을 만큼씩만 구매하는 것이 좋답니다. 습한 여름일수록 보관 기간은
더욱 짧아지니 참고하세요.

찜기에 찌는 법 - 부드럽고 촉촉한 식감

1. 깨끗이 세척한 단호박을 반으로 자른다.
2. 숟가락으로 속을 파내고 꼭지도 칼로 도려낸다.
3. 여러 조각으로 등분한 단호박을 속이 보이도록 찜기에 올려 찐다. 작은 것은 6~7분, 큰 것은 10~12분가량 소요된다.
4. 불을 끄고 식히는 동안 뚜껑을 열어 두어 수분이 증발하도록 둔다.

전자레인지에 찌는 법 - 포슬포슬한 식감

1. 깨끗이 세척한 단호박을 반으로 잘라 속을 파낸다.
2. 속을 파낸 단호박을 다시 원래의 모양으로 맞대어 도자기나 유리 그릇에 넣는다.
3. 뚜껑을 덮고 전자레인지에 넣어 5~8분 가량 익힌다. 너무 오래 가열하면 물러질 수 있으니 주의할 것. 젓가락으로 찔렀을 때 쑥 들어가면 충분히 익은 것이다.
4. 전자레인지에서 꺼내 한 김 식힌 후 먹는다.

무르익은 여름날엔

쫀득한 찰옥수수

/

INGREDIENTS

찰옥수수 5개, 물 2L, 소금 1큰술, 뉴슈거 두 꼬집 혹은 설탕 1큰술
(짠맛과 단맛은 기호에 따라 조절)

HOW TO

1. 맨 안쪽의 한두 겹을 제외하고 옥수수 껍질과 수염을 모두 제거한다.
2. 물에 담가 부드러운 솔로 문질러 세척한 후 흐르는 물에 한 번 더 세척한다.
3. 압력솥에 물과 옥수수, 소금과 뉴슈거를 넣고 20분가량 찐다.

   nupi's tip — 압력솥의 압력은 가장 낮은 단계로 조절합니다. 밥 짓는 정도의 높은 압력일 경우 옥수수 알갱이가 터질 수 있어요.
4. 찐 옥수수의 양이 많을 경우 한 김 식힌 옥수수를 진공포장해 냉동보관한다. 진공포장기가 없다면 옥수수를 각각 랩으로 감싼 후 지퍼백에 담아 보관한다.

   nupi's tip — 찰옥수수는 수확 이후 당도가 급격히 떨어진다고 해요. 따라서 맛있는 찰옥수수를 먹고 싶다면 마트보다는 밭에 직접 가서 구매하거나 산지에서 수확 후 직송해 주는 온라인 마켓을 이용하는 편이 좋답니다. 수확한 날 바로 쪄서 먹는 찰옥수수는 정말 달콤하고 맛있거든요. 마트에서 구매할 때에는 껍질이 모두 붙어 있는 것으로 골라 주세요.

깊은 풍미

선드라이드 토마토

/

INGREDIENTS

토마토 작은 것 혹은 방울토마토, 소금, 올리브오일,
마늘, 월계수 잎(선택)

HOW TO

1. 세척 후 물기를 없앤 토마토를 0.5~0.8cm 두께로 썬다.

2. 오븐팬에 종이포일을 깔고 그 위에 얇게 썬 토마토를 올려놓는다. 이 때 기호에 따라 마늘 슬라이스를 함께 올려도 좋다.

3. 토마토와 마늘 위로 소금을 조금 뿌린다.

4. 가정용 오븐을 기준으로 100도에서 30분을 굽고, 40도로 온도를 낮추어 1시간가량 더 굽는다.

   nupi's tip — 오븐 환경마다 다를 수 있으니 중간중간 토마토 가장자리가 타는지 확인해 가며 구워 주세요.

5. 구운 토마토와 마늘을 완전히 식힌 후 저장용기에 담는다.

6. 향을 더해 주는 월계수 잎을 넣고 올리브오일을 가득 붓는다. 기호에 따라 바질이나 파슬리를 추가해도 좋다. 뚜껑을 닫아 볕이 들지 않는 건조하고 서늘한 곳에 보관한다. 오일이 굳을 수 있으니 냉장보관은 피할 것.

   nupi's tip — 생과를 쫀득하게 말려 올리브오일에 절이면 토마토의 풍미가 더욱 깊어진답니다. 이렇게 만든 선드라이드 토마토는 통밀빵 위에 얹어 먹거나 오일파스타에 넣어 색다른 느낌으로 조리해 보세요.

바 질 페 스 토

/

INGREDIENTS

바질 2컵, 파르미지아노 레지아노 치즈(간 것) 1컵,
마늘 1개, 잣 1컵, 엑스트라 버진 올리브오일 1컵,
레몬즙 1작은술, 소금 한 꼬집

* 1컵=200ml

HOW TO

1. 신선한 바질을 세척한 후 물기를 없앤다.
2. 파르미지아노 레지아노 치즈를 그레이터에 갈고, 잣은 볶은 후 한 김 식힌다.
3. 유리용기에 바질, 마늘, 잣, 올리브오일, 레몬즙, 소금을 모두 함께 넣고 핸드믹서로 가볍게 갈아 준다.
4. 치즈 간 것을 추가해 잘 섞는다.
5. 소독된 유리용기에 담는다. 맨 위에 올리브오일을 1cm 두께로 넣어 냉장보관하면 1개월 정도 두고 먹을 수 있다.

   nupi's tip — 바질페스토는 토르티야에 발라 치즈와 함께 피자처럼 먹거나 파스타 면에 비벼서 먹어도 좋아요. 고소하면서도 향긋한 맛이 식욕을 자극한답니다. 샌드위치 소스로도 활용해 보세요.

아삭아삭 모닝글로리

공심채볶음

/

INGREDIENTS

공심채 200g, 굴소스 1큰술, 멸치액젓 0.5큰술, 설탕 0.5큰술,
다진 페페론치노 1작은술, 마늘 1개, 참기름 조금

HOW TO

1. 공심채는 줄기와 잎 부분이 나뉘도록 썰어서 세척한 후 물기를 없앤다.
2. 먹기 좋은 크기로 한 번 더 자른다.
3. 기름을 넉넉히 두른 팬에 얇게 썬 마늘과 페페론치노를 약불로 볶는다.
4. 마늘이 익는 고소한 냄새가 나기 시작하면 공심채의 줄기 부분을 먼저
   넣어 볶는다.
5. 줄기가 점차 부드러워지면 잎 부분을 마저 넣고 양념(굴소스+멸치액젓+
   설탕)도 추가해 함께 볶는다.

   nupi's tip — 이때 새우 등의 부재료를 넣어도 좋아요. 부재료는 따로 익혀
   두었다가 양념을 추가할 때 함께 넣어 볶습니다.

6. 불을 끄고 참기름을 둘러 마무리한다.

   nupi's tip — 속이 비어 있어 이름도 그리 지어졌다는 '공심채'. 봄여름에
   마트에서 쉽게 만날 수 있는 채소랍니다. 공심채는 채소 특유의 풋내가 없
   는 편이라 요리에 두루 활용할 수 있어요. 볶아 먹어도, 샤부샤부 재료로
   곁들여도 좋지요. 공심채볶음은 베트남에서 많이 먹는 음식으로, 베트남
   음식점에서는 흔히 '모닝글로리볶음'이라고 부르죠. 아삭아삭한 식감이 정
   말 매력적이에요.

생강술 담그기

/

INGREDIENTS

생강 300g, 청주 800~900ml(1:3 비율)

HOW TO

1. 생강을 물에 담가 5~10분쯤 불린다.
2. 쿠킹 포일을 삼각형 모양으로 구겨 생강 표면을 문지르면 껍질을 쉽게 벗길 수 있다.
3. 껍질을 벗겨 낸 생강을 얇게 썬다.
4. 유리병에 슬라이스 생강을 1/3쯤 채운 뒤 청주를 가득 붓는다. 그 상태로 냉장보관하며, 나중에 생강을 따로 빼낼 필요 없다. 생강의 양을 늘릴수록 좀 더 향이 짙은 생강술이 만들어진다.

nupi's tip — 생강술 활용
생강술은 요리에 활용하기 좋아요. 각종 육류 요리, 조림, 볶음 등에 넣으면 고기의 누린내를 잡고 향긋하게 맛을 내거든요. 특히 돼지고기나 생선 조림에 잘 어울립니다.

냉장실보다 냉동실에서 보관해야 좀 더 오래 두고 먹을 수 있는 식재료들이 있지요. 치즈와 육류, 생선, 버터 등이 그렇습니다. 냉동보관에서 가장 중요한 과정은 한 번씩 먹을 만큼 소분하는 일이에요. 그리고 너무 겹쳐서 쌓아 두지 않을 것. 이 두 가지를 고려해 보관한다면 필요할 때마다 맛있게 꺼내 먹을 수 있을 거예요.

도자기도마 은옥상점 제품 / 칼 컷코 제품

치즈

덩어리가 큰 치즈는 한 번 먹을 분량씩 소분해 종이포일로 감싼 후 진공포장하거나 랩으로 꼼꼼히 감싸 지퍼백에 넣어 냉동보관한다. 모차렐라는 한두 번 사용할 분량만큼 나누어 지퍼백 여러 개에 소분해서 보관한다.

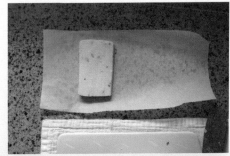

육류·생선

육류는 그때그때 구입해 2~3일 이내로 먹는 것이 좋지만, 좀 더 오래 보관해야 한다면 납작하게 진공포장해 냉동실에 둔다. 생선도 마찬가지. 다만 생선은 꼬리와 지느러미, 비늘 등을 미리 제거한 후 보관해 두는 것이 좋다.

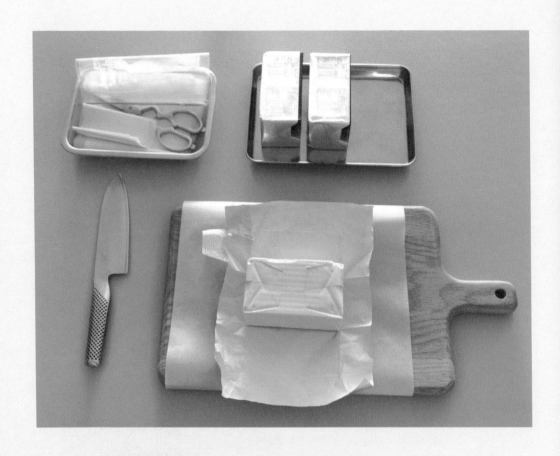

버터는 자주 사용하진 않지만 없으면 아쉬워요. 요리할 때 넣으면 풍미를 더해 주고, 특히나 베이킹에서는 빼놓을 수 없는 재료이지요. 하지만 마트에서 판매하는 버터는 꽤나 큰 편이라 사면서도 이걸 언제 다 먹나 하며 망설이게 됩니다. 은근히 보관하기 까다로운 버터, 처음에 조금만 부지런을 떨면 오래 두고 먹을 수 있답니다.

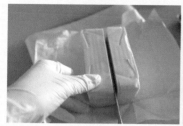

버터 소분해 냉동보관하기

1. 버터를 크게 몇 덩어리로 나눈 후 버터커터기나 칼로 썰어 한 번에 사용할 만큼씩 소분한다.
2. 잘게 썬 버터를 종이포일로 살짝 감싼 후 지퍼백이나 비닐에 차곡차곡 담아 냉동보관한다.
3. 베이킹용으로 100g씩 큼지막하게 소분해 두어도 좋다.

- 사실 버터는 냉장보관이 가장 이상적이지만, 한번 개봉한 후에는 유통기한 내에도 금세 곰팡이가 생기는 등 보관이 꽤 까다롭기에 빠르게 소비할 계획이 없다면 냉동보관을 추천한다.
- 최대한 서늘한 곳에서 버터를 소분하자. 버터가 녹기 시작하면 자르기 힘들어지므로 중간중간 냉장고에 넣어 굳혔다가 다시 진행하는 것도 좋은 방법.
- 일회용 니트릴 장갑을 끼고 작업하면 손에 버터가 묻지 않을 뿐만 아니라 위생적으로 소분할 수 있다.

가 을 살 림

AUTUMN

살림욕구 샘솟는 가을

그토록 무덥던 날이 지나고, 언제 그랬냐는 듯 코
끝이 서늘한 가을이 오면 그간 미뤄 두었던 집안
일을 하나둘 시작합니다. 서늘하고도 건조한 가
을의 느낌이 참 좋아요. 바람이 선선하게 불면서
도 볕은 아직 따뜻해서 빨래를 해도 즐겁거든요.
주부에게도 가을은 선물 같은 계절입니다.

가 을 맞 이

이불장 정리

/

습했던 여름을 지나 선선하고도 보송보송한 가을이 오면 가장 먼저 하게
되는 일이 바로 이불장 정리예요. 한번 정리할 때 질서를 잘 잡아 두면 몇
달은, 아니 몇 년간은 이불장 속을 가지런하게 유지할 수 있답니다. 사실
나만 열어 볼 이불장, 되는대로 욱여넣어 사용할 수도 있지만 반듯하게 정
리해 두면 열 때마다 괜시리 기분이 좋거든요. 살림이란 게 그렇잖아요?
오늘은 가을, 겨울에 사용할 침구류를 정비해 보자고요. 세탁을 해서 넣어
둔 것이더라도 퀴퀴한 냄새가 날 때가 있으니, 사용하기 전에 미리 다시
세탁한 후 가을볕에 보송보송 말려 넣어 두는 거예요. 집 안을 환기할 때
이불장과 옷장의 문도 활짝 열어 함께 환기해 주세요. 특히 쾌청한 가을날
엔 마음껏요!

LIVING LIKE

- 이불장의 칸 사이가 너무 높을 경우 겹겹이 이불을 쌓기보다는 추가로
  선반을 달아 정리하는 방법을 추천한다. DIY 쇼핑몰의 목재 재단 서비
  스를 이용해 이불장 사이즈에 맞는 선반을 주문하거나 브랜드 가구라
  면 해당 브랜드에서 추가로 선반을 구입할 수도 있다.
- 선반에 걸칠 수 있는 철제 바스켓은 틈새 수납에 효율적이다. 베개 커
  버나 작은 담요 등을 돌돌 말아 보관하면 이불장이 한결 깔끔해진다.
  nupi's tip — 정리의 시작은 '비우기'라는 사실. 이불장 안에 최근 1~2년
  동안 사용하지 않은 침구류가 있다면 과감하게 버립시다.
- 칸마다 습기제거제를 비치해 두면 이불이 눅눅해지는 것을 막을 수 있
  다. 여름내 열심히 제 몫을 한 습기제거제를 새것으로 모두 교체하자.
  nupi's tip — 습기제거제 만드는 방법은 114쪽을 참고하세요.

공간은 넓지 않지만 유용하게 쓰이는 철제 바스켓　　　　　　　추가로 설치한 선반

선반 손잡이닷컴 제품 / 철제 바스켓 한샘 제품

옷 장 정 리

/

식구가 늘어나면 혼자일 때와는 다르게 옷장이 점점 복잡해집니다. 성별에 따라, 연령과 취향에 따라 옷장 속 모습은 천차만별이죠. 그래서 더욱 질서가 필요해요. 조금 더 간결한 옷장을 위해서는 1년간 입지 않은 옷은 과감히 버리고 정말 마음에 들거나 자주 입는 옷만 남겨 둡니다. 분명 다르다고 생각해 구입했지만, 옷장을 열어 보면 다 비슷비슷한 옷들이 걸려 있는 이유는 무엇일까요? 정말이지 취향은 어쩔 수 없나 봅니다.

LIVING LIKE

- 부피가 큰 외투와 얇은 옷은 분리하여 보관한다. 접어서 보관할 수 있는 철 지난 옷들은 패브릭 수납박스에 모아서 보관해도 좋다.
- 티셔츠와 스웨터, 바지 등은 서랍이나 수납박스 크기에 맞추어 접은 후 옷감이 눌리지 않도록 세로로 세워서 보관한다. 옷이 쓰러지지 않도록 중간중간 북엔드를 받쳐 두면 더욱 좋다.
- 가방끈은 가방 내부에 넣어서 보관하는 것이 깔끔하다.
- 상대적으로 사이즈가 큰 남편의 옷은 착용 빈도수, 두께에 따라 구분하여 옷걸이에 걸어 보관한다. 바지는 바지 전용 칸에 따로 보관할 것.
- 크기가 작은 아이 옷은 종류별로 접어 함께 수납한다. 꺼내 입을 때 옷을 찾기 쉽도록 세워서 보관하며, 높이와 너비를 되도록 통일해 접는다. 길이를 조절할 수 있는 칸막이 수납용품을 활용하면 옷이 쓰러지지 않게 받쳐 두는 동시에 칸을 나눌 수 있어 유용하다.

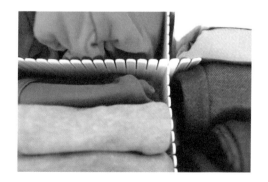

서랍칸막이 이케아 제품

단정하게 옷 개는 방법

양말

1. 양말 두 쪽을 포갠 상태에서 위쪽 양말을 3등분으로 접는다.
2. 아래쪽 양말의 발목 부분을 접어 위쪽 양말을 감싼 후, 남아 있는 발끝 부분을 발목 안쪽으로 밀어 넣어 고정한다.

삼각팬티

1. 양말과 마찬가지로, 펼친 상태에서 양옆을 안쪽으로 3등분하여 접는다.
2. 위쪽과 아래쪽을 겹쳐 접으며 속옷 위쪽의 틈새로 아래쪽 부분을 밀어 넣는다.

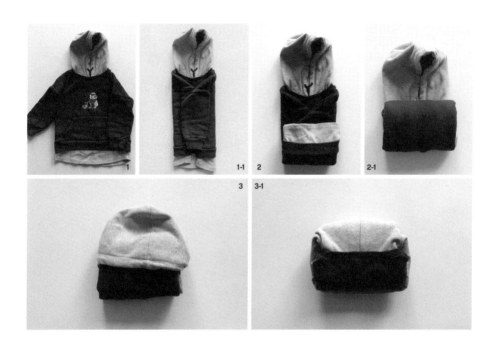

후드티

1. 앞면으로 후드와 양팔 부분을 전부 펼친 상태에서 몸통 부분을 양쪽 모두 후드의 폭에 맞추어 안쪽으로 접는다. 양팔은 반대쪽으로 각각 접어 몸통 중앙 부분에 포갠다.

2. 티의 아래쪽을 가슴 부분까지 접어 올린다.

3. 한 번 더 접어 올린 후 몸통 부분을 후드에 끼워 넣어 고정한다.

옷장용 방향제 만드는 방법

INGREDIENTS

디퓨저베이스, 프레그런스 오일, 투약병(60cc),
차량용 디퓨저 용기

1. 투약병에 디퓨저베이스와 프레그런스
   오일을 8:2 혹은 7:3 비율로 넣은 다음
   뚜껑을 닫고 흔들어 섞는다.
2. 끈이 달린 차량용 디퓨저 용기에 잘 섞
   인 디퓨저 용액을 나누어 담는다.

3. 옷장 한편에 걸어 둔다.

nupi's tip — 옷장용 방향제라고 이름 지었지만 실은 실내에서 많이 사용하는 디퓨저와 만드는 방법은 같아요. 차량용이 아니라 일반 디퓨저 용기밖에 없다면 리드스틱을 꽂아 실내 방향제로 활용해도 좋습니다.

에 어 컨 · 공 기 청 정 기 관 리

/

매년 더워지는 여름, 심해지는 미세먼지. 그렇기에 점점 필수로 사용하게 되는 전자 제품 몇 가지. 바로 에어컨과 공기청정기입니다. 두 제품 모두 주변의 공기를 순환시키는 기능을 하므로 주기적인 필터 관리가 중요하답니다. 필터가 깨끗하지 않다면 두 제품을 사용할 의미가 없겠죠? 사용 중일 때는 평소에도 주 1~2회 정도 관리가 필요하며, 여름에 주로 사용하는 에어컨은 봄가을에 나누어 집중적으로 관리해 주는 것이 좋아요.

LIVING LIKE

- 냉방 후 에어컨을 끄기 전, 15~30분 정도 송풍 모드를 작동해 내부의 습기를 제거해야 한다. 내부 팬을 건조하지 않고 꺼 놓으면 곰팡이가 생길 수 있다.
- 에어컨을 하루 종일 켜 둘 경우 냉방 기능이 제대로 작동하지 않을 수 있으니 중간중간 2~3회 정도는 30분씩 꺼 두는 것이 좋다.
- 공기청정기는 제품별로 권장하는 필터 교체 주기를 따르는 것이 좋으며, 사용 빈도에 따라 최소 6개월에서 적어도 12개월 주기로는 반드시 필터를 교체한다. 흰색이었던 내부의 헤파필터가 점차 누렇게 전체적으로 색이 변해 갈 때 교체하면 된다.

필터 평소 관리법

1. 가장 바깥쪽에 있는 먼지필터는 본체에 끼워진 상태에서 청소기로 먼지를 제거한다. 이때 청소기의 헤드는 솔이 달린 작은 툴로 교체해 사용한다.
2. 먼지필터를 본체와 분리한 후 안쪽 면의 먼지도 청소기로 제거한다. 필터의 먼지를 제거할 때에는 반드시 '바람이 유입되는 면>반대쪽 면' 순서로 청소해야 한다.
3. 먼지필터 내부의 필터와 센서 부분, 외부의 먼지도 청소기로 가볍게 제거한다.

필터 집중 관리법

1. 평소 관리법대로 먼지를 제거한다.
2. 그 후 먼지필터를 높은 수압으로 세척한다. 이때도 먼지 제거 순서는 동일하다.
3. 샤워기만으로 세척이 어렵다면 모가 부드러운 칫솔로 구석구석 문지른다. 이때 베이킹소다를 더하여 문지르면 좀더 깨끗하게 청소할 수 있다.
4. 물로 세척한 필터를 통풍이 잘되는 곳에 두어 충분히 건조한다. 반드시 완전히 마른 후 다시 본체에 끼울 것.

주
방

따스한 차 한잔

따스한 차 한잔 생각날 때면 문득 가을이 왔구나
실감합니다. 그리고는 여름내 사용하던 유리컵을
평소보다 신경 써 닦아 찬장에 넣어 두고, 손잡이
달린 묵직한 머그잔을 하나둘 꺼내기 시작하지
요. 마음에 조금쯤 여유가 생기는 계절이지만, 가
을의 시간은 유독 빠르게 흘러가는 것 같아요.

따 스 함 을 더 해 주 는

식 탁 위 티 포 트

/

선선한 바람이 불어오면 식탁 위 손이 잘 닿는 곳에 티포트를 올려 둡니다. 따끈한 물을 담아도 좋고, 좋아하는 차를 우려 두어도 좋고요. 뭔가 마음 한편까지 따스해지는 기분이랄까요. 집에서 누릴 수 있는 즐거움 중 하나가 조용히 차 마시는 일이라고 생각해요. 따듯한 차 한 잔 옆에 두고 밀린 일을 해결하기도 하고, 또 잠깐 쉬어 가는 순간에도 차를 마시며 여유 부립니다. 그날그날 기분에 따라 머그잔을 고르면 같은 차를 마셔도 또 다른 느낌이 들어요. 손님이 오는 날에는 트레이에 컵과 티백 등과 함께 비치해 두어도 좋을 거예요.

LIVING LIKE

- 티포트를 고를 때에는 내부 소재를 꼼꼼히 확인해야 한다. 내부 전체가 스테인리스이거나 법랑, 유리인 것을 추천한다. 또한 보온·보랭 기능이 있는 이중 구조가 좋다.
- 티포트는 내용물의 온도를 오래 유지해 주지만 그렇다고 담아 둔 물이나 차를 장시간 방치하는 것은 좋지 않다. 적어도 하루에 두 번, 오전과 오후에 한 번씩 세척하고 내용물을 갈아 주는 것이 좋다.
- 티포트는 베이킹소다 등의 향이 없는 천연세제를 사용해 세척하며, 완전히 건조한 후 다시 사용한다.
- 도자기 소재의 찻잔에 차를 오래 담아 두면 변색하기 쉽다. 이때는 설거지 후 물기가 남아 있는 상태에서 베이킹소다를 넉넉히 뿌린 후 설거지용 수세미나 부드러운 솔로 여러 번 문질러 얼룩을 없앨 수 있다. 뜨거운 물로 여러 번 헹군 후 마른행주로 물기를 닦고 햇볕에 두어 소독하면 끝.

이중 구조 티포트 헬리오스 몬도 푸시 / 머그잔 이은 작가 제품(은옥상점)

가 을 엔

드립커피

/

평소엔 줄곧 캡슐머신을 이용해 커피를 마시곤 하지만, 마음까지 여유로
워지는 가을에는 뱅글뱅글 원두를 갈아 내려 먹는 드립커피 생각이 간절
해져요. 집 안에 오래도록 커피 향이 남아 있는 것도, 넉넉히 내려 말갛게
마시는 커피의 맛도, 가을이라 더 좋은 것들이지요.

LIVING LIKE

- 맛있는 커피를 즐기고 싶다면 원두는 한 달 이내에 소진할 만큼 소량씩
  구입하자. 사용 후에는 완벽히 밀폐하여 냉동실에 보관한다.
- 원두를 직접 갈아서 사용할 경우 원하는 굵기로 조절할 수 있다. 분쇄
  한 원두의 입자가 굵을수록 커피의 맛이 좀 더 부드러워지고, 곱게 갈
  수록 진한 맛을 낸다.

드립커피 내리기
1. 원두 2~3스푼, 끓인 물 300ml를 준비한다(보통 진하기로 2잔 정도의 양).
   핸드밀로 직접 원두를 분쇄하거나 분말 상태의 원두를 구입해도 좋다.
2. 드리퍼에 종이필터를 끼우고 원두를 넣은 후 평평해지도록 살살 흔든다.
3. 천천히 원을 그리는 느낌으로 90도 정도의 끓인 물을 원두에 천천히
   붓는다. 이때 주둥이가 좁고 끝이 뾰족한 드립포트를 사용하는 것이
   좋다. 맨 처음에는 원두를 살짝 적실 정도만 물을 붓고 30초가량 기다
   렸다가 본격적으로 원을 그리며 물을 부어 커피를 내린다. 물을 너무
   빨리, 너무 많이 부어 원두가 물과 함께 넘치지 않도록 주의하자.
4. 다 내린 커피에 물을 섞어 마신다. 농도는 취향에 따라 조절할 것.

드립커피 준비물

- **핸드밀** : 2~3단계로 분쇄원두의 굵기를 조절할 수 있는 수동 원두분쇄기. 빈티지한 매력이 있다. 좀 더 편리하게 사용하고 싶다면 전동 그라인더를 구비해도 좋다.
- **드리퍼** : 원두를 담아 커피를 추출하는 기구로, 필터를 끼워 사용한다.
- **종이필터** : 드리퍼에 끼우는 여과지. 커피를 추출하기 위해 사용하는 1회용 소모품이다.
- **서버** : 드리퍼를 올려놓는 유리포트. 커피의 추출량을 확인할 수 있으며, 약한 불로 가열해 커피를 데울 수도 있다. 추출한 커피를 담는 용도라면 유리저그로 대체해도 좋다.
- **드립포트** : 커피 추출용 주전자. 물의 양을 조절하기 쉽도록 주둥이가 좁은 것으로 고른다.

홈 브 런 치

/

집에서 무언가 만들어, 예쁘게 차려 먹는 걸 좋아해요. 그래서 냉장고에 평소 즐겨 먹는 메뉴의 식재료가 떨어지지 않도록 늘 채워 둔답니다. 그중 하나가 바로 빵이에요. 커다란 빵 한 덩이를 일정한 두께로 자른 것과 아이들이 좋아하는 모닝빵, 샌드위치 만들어 먹기 좋은 식빵 등 각종 식사용 빵들이 냉동실 한편에 자리하고 있답니다. 냉동실에서 꺼낸 빵을 해동하지 않고 오븐토스터에 굽거나 무쇠팬에 버터를 둘러 구워 낸 다음 과일과 채소 몇 가지를 함께 곁들이면, 여느 브런치 카페 못지않게 근사한 한 끼가 완성돼요.

LIVING LIKE

- 슬라이스한 빵은 각각 종이포일로 감싼 후 비닐에 넣어 냉동실에 보관한다. 실온이나 냉장실에서 보관하는 것보다 더 오래 보관할 수 있다. 최대 2개월까지 맛이 변하지 않으니 참고할 것.

기구별로 맛있게 빵 굽기
- **오븐토스터** : 담백하고 바삭하게 조리할 때 사용한다. 토스터에 구운 빵은 크림치즈나 잼 등을 발라 먹기 좋다.
- **무쇠팬** : 부드럽고 촉촉한 빵이 먹고 싶다면 팬에 버터나 오일을 추가해 중약불 이하에서 조리한다.
- **전자레인지** : 종이포일로 감싼 빵을 2-30초 이하로 조리한다. 물을 한 컵 옆에 두고 조리하면 빵을 더욱 촉촉하게 데울 수 있다.

오븐토스터 발뮤다 제품

표 고 버 섯 말 리 기

/

버섯은 늘 볼 수 있는 식재료이지만 제철은 가을이에요. 그중에서도 향이
진하고 식감이 좋은 표고버섯은 요리에 두루 쓰일 뿐만 아니라 팬에 기름
을 둘러 볶거나 구워 먹어도 맛있죠. 표고는 말린 것을 물에 불리면 식감
이 더욱 좋아진답니다. 생것으로 먹기에는 맛과 향이 부담된다면 가을볕
에 말려 볼까요? 조금 번거롭더라도 한번 준비해 두면 두고두고 꽤 유용한
식재료가 되어 줄 거예요.

LIVING LIKE

- 표고는 세척하지 않은 상태에서 그대로 칼질한 후 채반이나 바구니에
  올려 볕 좋은 곳에서 말린다. 수분이 남아 있지 않도록 완벽히 건조할
  것. 필요한 경우 부드러운 솔로 가볍게 먼지를 제거하고 칼질한다.
- 일정한 두께로 슬라이스하거나 4등분 또는 기둥만 분리하는 등 다양한
  형태로 손질해 말려 두면 용도에 따라 그때그때 활용하기 좋다.
- 건조한 표고는 밀폐용기에 담아 김치냉장고나 냉동실에 보관한다.
- 요리에 넣기 전, 미온수에 약 20분간 불려서 사용한다.

고 구 마 · 당 근 보 관

/

아침저녁 쌀쌀한 가을이 오면 따끈한 간식 생각이 절로 나곤 합니다. 그중 가장 흔하면서도 정겨운 간식거리가 고구마 아닐까요? 촉촉하게 쪄 내도 맛있고 달콤하게 구워도 별미죠. 고구마 같은 구황작물은 제철에 구입해 두는 것이 저렴하고 맛도 좋답니다. 사시사철 흔히 볼 수 있는 식재료, 당근의 제철도 가을입니다. 가을당근은 특히 단단하고 맛이 더 좋다고 해요. 맛 좋은 가을당근과 고구마, 어떻게 보관하고 계세요?

LIVING LIKE

고구마 보관법

- 종이 위에 고구마를 널어놓고 습기를 충분히 없앤 뒤 빛이 통하지 않는 종이상자에 보관한다. 고구마를 하나하나 종이에 싸도 좋고, 양이 많을 경우 한 층을 쌓고 그 위에 종이를 깔아 또 한 층 올리는 방식으로 켜켜이 쌓아 상자를 채운다. 상자는 닫아서 보관하며, 상자 옆면에 구멍을 뚫어 바람이 통하게 한다.
- 보관 장소는 너무 따뜻하거나 차갑지 않은 실내 베란다 같은 곳이 적당하다. 실외나 냉장고에 보관하면 냉해를 입을 수 있다.
- 세척 시에는 부드러운 솔이나 거친 결이 느껴지는 행주를 이용해 흐르는 물에서 가볍게 문지른다.

nupi's tip — 고구마 맛있게 먹기

찐고구마 : 찜기에 올려 2~30분 찐 후 불을 끄고 5분 정도 뜸 들입니다. 고구마 크기에 따라 시간을 조절하며, 큰 고구마는 잘라서 익혀도 좋아요.
군고구마 : 에어프라이어를 이용합니다. 200도로 25~30분간 조리.

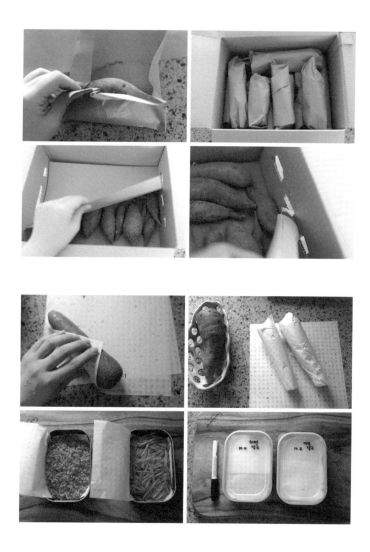

당근 보관법

- 당근은 몇 주 내로 소진할 만큼만 구입하자. 만약 오래 보관해야 한다면 냉동보관할 것.
- 냉장보관 시에는 흙이 묻은 상태 그대로 한지나 신문지 등의 종이로 한번 감싼 후 랩이나 비닐 등으로 다시 포장해 보관한다.
- 냉동보관 시에는 세척 후 손질해 소분한다. 채 썰거나 잘게 다지는 등 자주 사용하는 사이즈로 손질한 후 밀폐용기에 담는다. 이때 성에가 끼지 않도록 종이로 살짝 덮어 주면 좋다. 또는 손질 후 진공포장해 두면 조금 더 신선하게 보관할 수 있다.

사 과 · 배 보 관

/

살림을 하다 보면 적절한 시기에 발 빠르게 움직여야 하는 순간들이 찾아옵니다. 제철 과일을 챙기는 일도 그중 하나죠. 요즘은 1년 내내 먹을 수 있어 자꾸 잊게 되지만 사과의 제철은 가을부터 겨울까지랍니다. 이맘때 사과는 더 단단하고 맛도 좋아요. 청사과부터 홍로, 부사까지 종류도 다양하고요. 아오리라고 불리는 청사과와 개인적으로 가장 좋아하는 새콤달콤한 홍로는 가을이 지나면 찾기 어려우니 서둘러야 해요. 가을 하면 달고 시원한 배도 빼놓을 수 없죠. 사과와 배는 추석 선물로도 많이 들어옵니다. 제철 사과와 배, 어떻게 하면 오래 쟁여 두고 맛있게 먹을 수 있을지 살펴볼까요?

LIVING LIKE

- 사과는 꼭지 부분이 싱싱하며 껍질이 탄력 있고 묵직한 것으로 고른다. 세척 시 과일 세정용 칼슘파우더를 사용하고, 물기를 완전히 건조한 후 보관한다. 타월로 닦을 경우 꼭지 안쪽의 물기까지 꼭 제거할 것.
- 사과와 배를 생과 그대로 보관할 때는 딱 맞는 크기의 비닐에 한두 개씩 담아 밀봉하거나 랩으로 감싸 냉장고 야채칸에 넣는다. 특히 배는 잘 물러지므로 바닥에 에어캡을 깔거나 포장되어 있는 그물 모양 스티로폼에 그대로 보관해도 좋다.
- 배는 갈아서 얼려 두면 요리할 때 유용하다. 강판이나 믹서기로 간 배를 뚜껑이 있는 실리콘 얼음틀에 담아 냉동보관한다.

  nupi's tip — 배 활용법
  간 배는 단맛이 나는 간장 양념의 요리나 불고기, 갈비찜 등의 고기 요리에 두루두루 활용할 수 있어요. 과일 주스에 설탕 대신 넣어도 좋습니다. 또, 배를 통째로 푹 찌면 근사한 보양식이 된답니다. 만드는 방법은 206쪽을 참고해 주세요.

위생비닐(냉동보관용 백) 이케아 제품

먹고 사는 일

365일 다이어터

두 아이를 출산하고 육아를 반복하다 보니 좋지
못한 식습관 탓에 몸이 꽤 불어나더라고요. 아이
식단은 부지런히 챙기면서도 나 자신에게는 무관
심했던 것이죠. 아이들 돌보는 상황에서 운동은
먼 이야기처럼 느껴졌고, 그렇다고 무리한 방법
으로 다이어트를 하고 싶진 않았어요.
우연히 탄수화물을 줄이고 그 빈자리를 단백질이
나 지방, 채소 등으로 채우는 식단이 다이어트에
효과적이라는 사실을 접하게 되었고, 2년이 지난
지금도 그 식단을 유지하고 있답니다. 물론 조금
번거로워요. 하지만, 나를 위한 식사를 챙기는 일
에 우리 모두 좀 더 익숙해졌으면 좋겠습니다.

무쇠냄비밥 vs 압력솥밥

홈메이드 햇반

/

무쇠냄비밥 · 압력솥밥 (2~3인)
쌀 2컵, 물 2+1/4컵

* 1컵=200ml

- 밥을 보관할 용기는 전자레인지 사용이 가능한 유리나 실리콘 소재인 것으로 고른다. 가열 시 환경호르몬이 발생하지 않는 소재여야 하며, 내부가 보이고 층층이 쌓을 수 있는 형태면 더욱 좋다.
  nupi's tip ― 실리콘 밥팩이 간편하게 사용할 수 있어 좋지만, 만약 실리콘 냄새에 민감하다면 유리 보관용기를 사용해 보세요.
- 밥은 한 달 이상 냉동보관하지 않으며, 1~2주 안에는 모두 섭취할 것을 추천한다.

냉동밥 맛있게 먹기

1. 갓 지은 밥을 보관용기에 담고 바로 뚜껑을 닫아 수분 손실을 막는다.
2. 뜨거운 열이 남아 있지 않도록 스팀홀을 열거나 뚜껑을 살짝 걸쳐 둔 상태로 한 김 식힌 후 냉동실에 넣어 보관한다.
3. 냉동한 밥을 꺼내 먹을 때에는 밥 위에 물을 1/2작은술 정도 뿌리고 용기의 스팀홀을 개방한 후 전자레인지에 넣어 2분에서 2분 30초가량 데운다. 만약 실온에서 완전히 해동된 상태라면 1분만 데워도 충분하다.
   nupi's tip ― 전자레인지를 이용해 가열할 경우 수분이 손실될 수 있으므로 반드시 물을 추가해 주세요.

실리콘 밥팩 티제이홈 제품

고슬고슬 무쇠냄비밥

1. 쌀을 씻어 30분 이상 불린다(백미 기준).
2. 계량을 위해 체망에 쌀을 걸러 물을 뺀 후 냄비에 쌀과 물을 1:1.2 비율로 넣는다.

   nupi's tip — 냄비밥을 지을 때는 내용물이 냄비 높이의 2/3를 넘지 않도록 합니다. 양이 많을 경우 밥이 설익을 수 있어요.
3. 끓어 넘치지 않을 정도의 중불로 맞춰 12분간 가열한다.
4. 그 후 다시 12분 동안 약불에 둔다.

5. 불을 끄고 10분 정도 뜸 들인다.
6. 뚜껑을 열어 주걱으로 바닥과 위쪽의 밥을 고루 섞는다.

   nupi's tip — 냄비밥에 제철 해산물이나 채소를 추가해도 좋아요. 고구마나 감자처럼 단단한 재료는 처음부터 함께 넣어 익히며, 금방 익는 재료라면 4번 과정에서 넣고 약불에 둡니다. 이렇게 완성한 밥을 양념장과 함께 내면 이것만으로도 근사한 요리가 된답니다.

무쇠냄비 스타우브 제품

윤기 자르르, 차진 압력솥밥

1. 쌀을 씻어 30분 이상 불리거나 생쌀을 그대로 사용해도 무방하다(백미 기준).
2. 압력솥에 쌀과 물을 1:1 비율로 넣는다. 쌀을 불리지 않았다면 1:1.2 비율로 맞출 것.
3. 압력이 최대로 올라갈 때까지 중불에서 강불 사이에 두고, 압력추가 칙칙 소리를 내면 약불로 줄여 8분간 유지한 후 불을 끈다.

nupi's tip — 현미나 잡곡일 경우 약불로 줄인 후 10~12분 사이로 유지한다.

4. 압력추가 내려오면 뚜껑을 열어 주걱으로 바닥과 위쪽의 밥을 고루 섞는다.

압력솥 WMF 제품

콩나물배숙

/

INGREDIENTS

배 1개, 콩나물 한 줌, 쌀조청 1큰술

HOW TO

1. 배와 콩나물을 깨끗이 씻어 둔다. 콩나물은 볼에 물을 받아 두세 번 담
   갔다가 흐르는 물에 세척한다.

2. 배위 윗부분을 조금 잘라 낸 뒤, 0.8~1cm 정도의 두께만을 남기고 숟
   가락으로 속을 파낸다.

3. 파낸 속을 콩나물과 함께 섞어 다시 배에 소복이 담는다. 쌀조청도 같
   이 넣은 후 잘라 냈던 배의 윗부분을 다시 올려 뚜껑으로 사용한다.

4. 큰 냄비에 찜기를 넣고, 그 위에 오목한 그릇에 배를 담아 함께 넣어 푹
   찐다. 2~30분 정도면 배가 물러져 물이 충분히 나온다.

5. 그대로 면포에 넣고 짜내거나 체에 담은 후 으깨어 짜낸 즙을 따뜻하게
   마신다.

리코타치즈

/

INGREDIENTS

우유 600g, 생크림 400g, 레몬즙 3큰술, 소금 2작은술, 얇은 면포

HOW TO

1. 냄비에 우유와 생크림을 넣고 잘 섞이도록 저으며 가열한다. 우유와 생크림의 비율은 3:2로 맞출 것.
2. 종지에 레몬즙과 소금을 섞어 준비해 둔다.
3. 냄비 가장자리에 기포가 올라오고, 표면이 전체적으로 부르르 끓어오르기 직전에 불을 끈다.
4. 준비해 둔 '레몬즙+소금'을 넣어 한 방향으로 가볍게 저어 주고 10분가량 방치한다.
5. 채반에 면포를 올리고 그 위에 치즈를 부어 천천히 유청을 뺀다. 최소 2시간 이상 소요된다.
6. 그 후 굳히기 작업 시작. 면포 끝을 잘 모아 치즈를 감싼 뒤 보관용기에 담아 냉장고에 넣는다.
7. 1시간 이상 냉장고에 보관하여 치즈를 굳힌 후 면포를 제거한다. 깨끗한 용기에 치즈를 담아 냉장보관해 두고 먹는다.

   nupi's tip — 유청을 빼는 시간에 따라 치즈의 식감이 달라진다. 오래 방치할수록 보송보송한 치즈가 되니 참고할 것. 치즈는 밀폐용기에 넣어 보관하며, 보관 기간은 일주일을 넘기지 않는다.

찬 바 람 부 는 날 엔

따끈한 뱅쇼

/

INGREDIENTS

레드와인 1병, 냉장고 속 과일(새콤달콤한 맛을 내는 과일이라면 무엇이든),
설탕 1/2컵, 시나몬스틱 2개, 생강 슬라이스 1개, 정향 1~2개

* 1컵=200ml

HOW TO

1. 멀티포트에 레드와인과 적당한 크기로 손질한 과일, 생강을 넣고 중불
   에 끓인다. 와인이 끓기 시작하면 15분 정도 더 끓인 후 불을 끄고 10분
   간 방치한다.
   nupi's tip — 사과 1/2개, 배 1/2개, 키위나 귤, 오렌지 같은 새콤한 과일 1개
   를 넣으면 충분합니다.

2. 과일을 체에 걸러 낸다.

3. 와인과 과일의 당도에 따라 뱅쇼 맛이 달라질 수 있으므로 먼저 맛을
   본 후 설탕을 조금씩 추가해 취향에 맞게 단맛을 조절한다. 단맛이 혀
   에 살짝 감도는 정도면 충분하다.

4. 설탕이 녹으면 불을 끄고 시나몬스틱, 정향 등의 향신료를 넣어 3~5분
   정도 두었다가 먹는다. 또는 뱅쇼를 컵에 따른 후 스나몬스틱을 꽂아
   서 마셔도 좋다.

멀티포트 벨라쿠진 제품

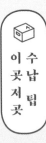

가장 좋아하는 공간인 주방. 주방 수납은 문이 달려 있는 상부장과 하부장이 주로
책임지지만 개인적으로는 내부가 보이는 수납을 선호해요. 그래서 별도로 목재를
구입해 주방 공간의 크기에 맞는 선반을 직접 만들어 사용하고 있답니다. 내 살림
의 크기에 맞게 칸을 나눌 수 있다는 것이 큰 장점이에요. 즐겨 쓰는 것들을 선반
에 올려 두면 그때그때 사용하기 편리한 데다, 그 자체로 또 하나의 인테리어가
된답니다.

목재 재단해 선반 만들기

1. '손잡이닷컴'과 같이 목재 재단이 가능한 DIY 사이트에서 목재를 구매한다.
2. 거친 사포와 고운 사포를 이용해 목재의 거친 면을 정돈한다.
3. 목재의 내구성을 높이기 위해 천연 왁스나 호두오일을 사용해 마감한다.
4. 선반의 칸을 나눌 위치를 연필로 표시한 다음, 목재끼리 닿는 면 한쪽에 목공용 본드를 발라 서로 붙여놓은 후 건조한다. 이때 안쪽 칸에서 바깥 칸 순서로 붙일 것.
5. 못을 박아 목재를 완전히 고정한다. 겹쳐 있어 못질이 어려운 부분에는 경첩을 활용한다.

- 선반 안쪽에 북엔드나 접시꽂이 등을 넣으면 더욱 편리하게 수납할 수 있다.
- 빛에 약한 물건이나 식재료가 있다면 패브릭으로 살짝 가리는 것도 좋은 방법.
- 보이는 수납 공간인 만큼, 선반에 올려 둘 살림살이의 색과 톤 등을 비슷하게 맞추는 것이 좋다.

그릇장 정리 팁, 매트와 접시정리대

그릇장에 선반 전용 매트를 깔아 두면 좀 더 깔끔하게 관리할 수 있다. 방수는 물론 충격 완화 기능까지 있으며, 선반을 청소할 때에도 아주 편리하다. 만약 그릇장 칸의 높이가 애매하다면 접시정리대를 둘 것. 그릇을 무작정 쌓아 두면 위험하기도 하고 공간을 효율적으로 사용하지 못하기에 같은 모양의 그릇끼리 안전하게 보관하고 싶다면 접시정리대를 두고 수납해 보자.

서랍매트 이케아 바리에라 / 접시정리대 한샘 제품

거실에 벽장처럼 숨은 수납 공간이 있다면, 생필품 보관소로 활용해 보세요. 비상약이나 청소용품, 다양한 리모컨 등 자주 찾게 되는 생필품들 말이에요. 그렇기에 누가 열어 보더라도 찾기 쉽게 빈도수에 따라 층을 나누고, 이름표 붙인 수납 바구니에 물건을 차곡차곡 정리해 둡니다. 수납 바구니를 같은 것으로 통일하면 더욱 좋겠죠? 중간중간 빈 바구니나 여유 공간을 남겨 두면 필요한 경우 임시 보관소로도 활용할 수 있답니다.

- 위쪽에는 계절용품 또는 가끔 꺼내 사용하는 것 위주로 수납 (ex. 가습기, 미용기구 등)
- 정면에는 가장 자주 사용하는 것들을 수납 (ex. 리모컨, 약상자 등)
- 아래쪽에는 청소용품 및 소모품 등을 수납 (ex. 청소기 키트, 기저귀, 물티슈, 수건 등)

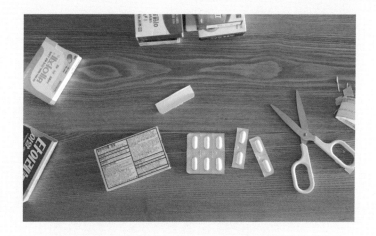

약상자 정리하기

1. 약은 패키지에 주의사항과 유통기한 등의 정보가 표기되어 있으므로 본래의 패키지 그대로 보관하는 것이 좋다. 다만 패키지 한 면의 여닫는 부분을 가위로 잘라 내 개방한 형태로 두면 그때그때 약을 꺼내기 편리하다.

2. 캡슐 약은 한 번에 복용하는 개수만큼 미리 자른 후 다시 해당 패키지에 넣어 보관한다.

3. 약의 가짓수가 많을 경우 약의 이름이나 성분, 효능을 표시한 이름표를 패키지에 붙인 후 수납 바구니에 가지런히 나열해 두면 찾기 쉽다. 바구니 안에 있어도 이름표를 확인할 수 있도록 수납 바구니는 반투명한 것이 좋다.

4. 섞이기 쉬운 연고나 세워서 보관하는 액상 약은 높이가 낮은 바구니에 따로 모아 보관한다.

5. 각종 밴드와 파스 등의 부착제는 지퍼백에 함께 담아 보관한다.

수납 바구니 다이소 제품 / 오픈칸막이 정리함 창신리빙 제품

아이들 장난감 역시 수납함에 넣어 보이지 않는 수납 공간에 보관하는 것이 깔끔합니다. 다만 아이들도 쉽게 찾고 정리할 수 있도록 가볍고 투명한 플라스틱 소재의 수납함을 사용하는 것이 좋아요. 가짓수가 많을 경우 쌓아서 보관할 수 있게 뚜껑이 있는 수납함으로 준비합니다. 그리고 무게나 부피, 사용 빈도에 따라 층을 나누어 정리해 둡시다. 아이들이 한 번에 한두 가지 장난감 상자를 선택해 즐거운 시간을 보내고, 놀이가 끝나면 스스로 정리하는 습관을 들일 수 있도록 지도해 주세요.

• 거실 한편에 아이만의 공간을 만들어 두는 것도 좋은 방법. 그림을 그리거나 종이를 잘라 붙이는 등의 놀이를 할 수 있도록 아이 키에 맞는 책상을 두자.
• 미술 도구는 칸이 나뉘어 있는 정리함을 활용해 정리하고, 크기가 큰 스케치북 등은 알맞은 사이즈의 수초바구니에 넣어 아이 책상 옆에 두면 보기에도 예쁜 수납이 완성된다.

투명 수납함 다이소 제품 / 칸막이 정리함 마이룸 포르타 제품 / 서랍 이케아 제품

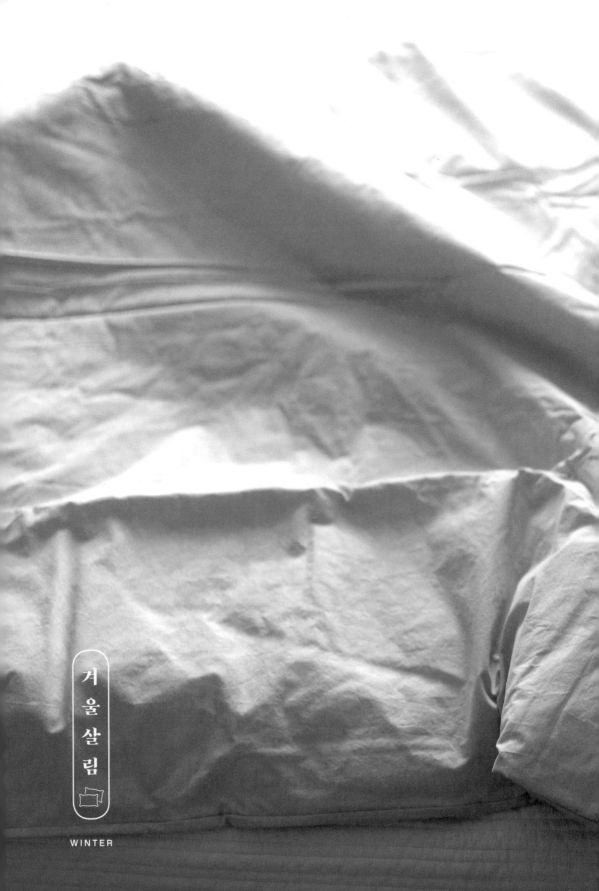

겨 울 살 림

WINTER

소소하지만 따뜻한

크리스마스 시즌이 다가오면 왠지 모르게 마음이 설레요. 매년 겨울 끝자락에 아쉬운 마음으로 정리해 두었던 소품을 하나둘 다시 꺼내 뒤적여 보기도 하고요. 거창한 크리스마스트리는 굳이 필요 없답니다. 겨울과 어울리는 색의 소품 한두 가지로도 충분하거든요. 수납장이나 식탁 위에 솔방울을 몇 개 올려 둔다든가, 강아지 인형에 빨간 목도리를 둘러 준다든가. 허전한 벽에는 유칼립투스 리스를 걸어 두고, 포인트가 되는 색이나 무늬가 있는 그릇을 꺼내 쓰기도 하고요. 집에서도 간단히, 연말 느낌 내 보는 거예요.

실 내 환 기 및 동 파 방 지

/

건조하고 추운 겨울엔 실내에서 빨래를 말리곤 하는데, 추위 때문에 환기를 자주 할 수 없어 신경 쓰여요. 창문을 활짝 열고 환기하는 것이 부담스럽다면 1~2cm 정도만 살짝씩 창을 열어 두어도 공기가 순환되어 습기 관리에 도움이 된답니다. 지속되는 추위에 동파가 생기지 않도록 세탁실을 점검하는 일도 필수겠죠?

LIVING LIKE

- 건조한 겨울에도 곰팡이는 생긴다. 창문이 없는 화장실은 사용 후 방 안으로 습기가 유입되지 않도록 문을 닫고 환풍기를 틀어 습기를 내보내야 한다. 화장실에 향초를 켜 두는 것도 좋은 방법.
- 빨래를 실내에서 건조할 때에는 좀 더 자주 창을 열어 환기할 것. 한쪽 창만 열어 두는 것이 아니라 공기가 순환하도록 양쪽 창을 조금씩이라도 함께 열어 두어야 한다.
- 외부와 맞닿아 있는 세탁실 등의 공간은 동파가 발생하기 쉽다. 한파가 지속된다면 세탁기와 연결된 수도꼭지, 호스 등이 얼지 않도록 수건으로 감싼다.
- 세탁기를 작동한 후에는 세탁기 내에 물이 남아 있지 않도록 점검해야 한다. 드럼세탁기는 하단의 호스 마개를 열어 물을 완전히 빼 주어야 동파를 방지할 수 있다.

체 온 을 높 여 주 는

침 구 · 러 그 관 리

/

겨울이 되면 포근한 이불 속이 항상 그립죠. 덮고 있으면 체온이 유지되고 보드라운 촉감에 기분마저 말랑해지는. 극세사 소재의 블랭킷이 특히 그렇답니다. 매우 얇은 실로 제작되어 비교적 가벼운 편인데도 겨울철 침구로 손색없지요. 두껍지 않아 세탁도 간편해 더욱 좋아요. 거실의 원목 마루에는 도톰한 러그를 깔아 주세요. 작은 블랭킷도 하나 올려 두고요. 이것으로 이불 속에서 귤 까먹을 준비, 완료입니다.

LIVING LIKE

- 극세사 침구는 일반 침구와 동일하게 세탁한다. 단, 섬유 유연제는 사용하지 않는다. 물 온도는 40~60도 사이가 좋으며, 네다섯 번 이상 여러 번 헹구어 남아 있는 세제를 깨끗이 제거해야 한다.

  nupi's tip — 섬유유연제는 성분이 독할 뿐 아니라 극세사 세탁 시 사용하면 극세사 특유의 부드럽고 보송한 촉감을 약화할 수 있어요. 또한 섬유유연제가 세탁물의 표면을 코팅해 건조 시간도 늘어난답니다. 특히 실내에서 건조하는 시간이 길어지면 공기 중에 미세한 곰팡이 포자가 떠다니게 되므로 사용하지 않는 것을 추천합니다.

- 솜이불은 내부의 솜이 커버와 분리되는 것으로 고른다. 또한 솜이 누비로 처리되어 있어야 세탁 시 솜이 뭉치지 않는다.

- 주 1회 이상 솜이불의 커버를 세탁하며, 솜은 세탁기나 건조기의 '먼지 털기' 기능 등을 활용해 먼지를 털어 낸 후 볕이 드는 곳에 널어 둔다. 솜은 되도록 물세탁하지 않는 것이 좋지만 부득이한 경우 30도 이하의 물에서 중성세제를 사용해 세탁한다.

- 러그는 미끄럼 방지 처리가 되어 있는 면 소재로 선택해야 청소나 세탁 등의 관리가 편하다. 평소에는 테이프클리너나 침구 청소용 툴을 부착한 청소기로 먼지를 제거하고, 오염 정도에 따라 1~2주에 한 번씩 세탁한다. 30도 이하의 물에서 표준 모드로 돌릴 것.

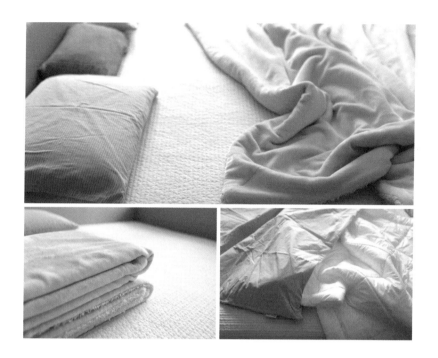

극세사 블랭킷 코스트코 제품 / 피그먼트 누빔패드 마틸라 제품
/ 누비 솜이불 조슈아트리 제품 / 러그 더설레임 제품

실 내 습 도 조 절

/

가을이 오면 코끝에서부터 건조함이 느껴집니다. 집 안 공기도 꽤나 건조해지지요. 이맘때 꼭 꺼내게 되는 몇 가지, 바로 가습기와 천연오일이에요. 가습 효과는 물론 기분 전환까지 책임지는 고마운 아이들이죠. 환절기에 코가 막혀 힘들다면 올바스 오일이나 유칼립투스 오일처럼 비염 증상을 완화해 주는 천연오일을 물에 두세 방울 떨어뜨려 사용해 보세요. 코가 뻥, 하고 시원하게 뚫릴 거예요.

LIVING LIKE

- 가습기와 천연 에센셜 오일을 준비한다.
  nupi's tip — 가습기는 위생 관리가 매우 중요한 제품이므로 세척이 수월한 제품을 구입하는 것이 좋아요. 디퓨저 용도로만 사용할 거라면 500ml 내외의 작은 용량을, 충분한 가습을 원한다면 1~2L 이상으로 선택합니다.
- 가습기에 물을 채우고 오일을 몇 방울 떨어뜨린다. 2L 기준으로 서너 방울 정도면 적당하다.
- 최소 하루에 한 번 이상 세척해서 사용한다. 부드러운 스펀지로 살살 닦아 내며 흐르는 물에 여러 번 헹군 다음 마르도록 놔두거나 보송한 천으로 닦아 마무리한다.
- 부득이하게 오랜 시간 세척하지 못해 세균 번식이 염려되는 경우, 통을 씻어 내고 건조한 후 소독용 알코올을 분사한다. 그대로 건조한 뒤 흐르는 물에 헹궈 내고 다시 사용하자.

초음파식 가습기 EMK, 뷰바 제품 / 오일 율바스오일 제품

천 연 방 향 제

/

가을에서 겨울로 넘어갈 즈음, 동네를 돌아다니다 보면 자잘한 솔방울이 여기저기 보여요. 오면가면 하나씩 데려다 방 한편에 소복이 모아 두면 어느 멋진 소품 부럽지 않지요. 가을에서 겨울로 넘어가는 계절감이 자연스럽게 느껴지기도 합니다. 끓는 물에 솔방울을 폭폭 삶아 내는 그 냄새마저도 참 향긋해요.

HOW TO

1. 솔방울 몇 개와 천연오일, 들통, 바구니를 준비한다.
2. 솔방울을 흐르는 물에 여러 번 씻어 낸다. 이물질이 나오지 않을 때까지 헹군다.
3. 들통에 솔방울이 잠길 정도로 물을 충분히 붓고 삶는다. 최소 10분에서 20분 사이가 적당하다.
4. 삶은 물을 버리고 수돗물로 한두 차례 솔방울을 헹군다. 그 후 솔방울이 살짝 잠길 정도로만 물을 남겨 두고, 천연오일을 여기저기 다섯 방울 정도 떨어뜨린 뒤 골고루 섞이도록 흔든다. 또는 스프레이를 활용해 오일을 분사해도 좋다.
5. 솔방울을 건져 내 통풍이 잘되는 바구니에 담아 거실이나 방 한편에 올려놓으면 천연방향제 완성.

도자기 바구니 은옥상점 제품 / 오일 NOW FOODS 제품

주
방

#

겨울엔 키친클로스

보통 주방에서 두루 쓰는 수건이나 행주 정도로
생각하기 쉽지만 사실 키친클로스의 활용도는 무
궁무진하답니다. 물론 행주로도 사용하지만, 테
이블에 살짝 깔아 연출하면 보기에도 좋고 원목
식탁을 보호해 주기도 하지요. 키친클로스는 세
탁해도 변형이 없고 보풀이 적은 리넨, 특유의 톡
톡한 느낌과 포근한 미색이 매력적인 광목 소재
를 사용하는 것을 추천합니다.

싱 크 대 하 부 장 수 납

/

싱크대 상부장에는 주로 그릇을 두고 하부장에는 냄비와 팬, 각종 양념통, 주방 소모품, 여러 종류의 보관용기 등 다양한 살림을 함께 보관합니다. 그래서 구분 없이 마구 넣어 보관하게 되면 막상 찾아서 사용해야 할 때 힘들어지죠. 하부장의 각 칸마다 수납할 주방용품을 분류해 각자 제자리를 만들어 두는 것이 중요해요. 찾아 쓰기 쉽고, 정리할 때에도 고민할 필요 없지요.

LIVING LIKE

- 하부장의 넓은 공간에는 자주 사용하는 반찬통이나 스테인리스 밧드 등을 수납한다. 재질과 형태별로 수납 트레이를 구분해서 보관하며, 손잡이가 있는 트레이를 사용하면 꺼내 쓰기가 더욱 편리하다.
- 무거운 무쇠팬 종류는 꺼내기 쉽도록 주방 선반 쪽에 두고, 비교적 가벼운 스테인리스 재질의 냄비와 팬은 하부장 한쪽에 모아 보관한다.
- 가스레인지 아래쪽의 좁은 수납 공간에는 양념통을 보관한다. 실온에서 보관할 수 있는 양념을 투명한 밀폐 유리용기에 담은 후 각각 라벨링해 정리한다. 키친마카를 사용해 용기에 직접 이름을 적어 두거나 스티커 라벨기로 출력해 붙인다. 마찬가지로 수납 트레이에 양념통을 크기별로 나누어 담아 보관하는 것이 좋다.
  nupi's tip — 자주 사용해 빠르게 소진되는 양념은 키친마카로, 비교적 오래 두고 사용하는 양념은 라벨을 붙여서 사용하는 것이 효율적이에요.
- 양념을 유리용기에 소분하거나 기존의 라벨지를 떼어 내고 새로 라벨링해 사용할 경우 용기 한편에 유통기한을 반드시 표기해 둘 것.
- 하부장의 서랍 한 칸에는 여러 종류의 비닐을 함께 보관해 두는 것이 좋다. 비닐 정리 케이스에 종류별로 담아 라벨링해 두고, 롤 형태의 비닐은 기다란 수납 트레이에 따로 보관한다. 역시나 쉽게 찾아 사용할 수 있도록 라벨링은 필수.

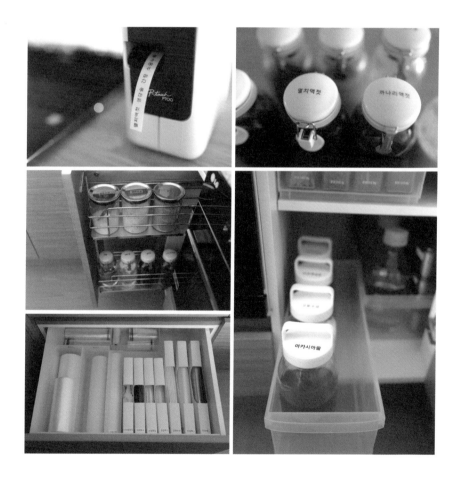

유리 밀폐용기(500ml) 셀러메이트 제품 / 라벨기 브라더 제품
/ 비닐 정리 케이스 카페앳홈 제품

달콤한 맛

겨울대파 손질

/

냉장고 한편에 늘 한 자리 차지하고 있는 대파의 제철은 겨울이에요. 흔하
디흔한 식재료지만 막상 떨어지면 서운하거든요. 하지만 식구가 적은 집
은 대파 한 단이 부담스럽기도 하죠. 다 먹기도 전에 상하는 경우도 있고
요. 그럴 땐 냉동보관도 괜찮은 해결책이에요. 냉동해 두어도 맛은 크게
변하지 않는답니다. 또한 대파의 뿌리는 국물을 낼 때 활용하면 좋으니 버
리지 마세요!

HOW TO

1. 흐르는 물에 대파를 가볍게 세척한 뒤 흰 부분의 표면에 붙어 있는 얇
   은 막을 제거한다.
2. 칼로 뿌리를 잘라 낸다. 이때 뿌리 쪽에 최대한 가깝게 자르는 것이 파
   를 신선하게 보관할 수 있는 방법이다. 파의 흰 부분을 함께 잘라 내면
   파가 금세 상한다.
3. 몸통 부분도 보관용기의 크기에 맞춰 자른 후 커다란 볼에 잠시 담갔
   다가 흐르는 물에 깨끗이 세척한다.
4. 체에 비스듬히 기울도록 올려놓고 물기를 제거한다.
5. 물기를 제거한 대파는 용기에 담아 냉장고에 보관한다.
6. 대파의 양이 많거나 오래 보관하고 싶을 경우에는 송송 썰어 용기에 담
   은 후 냉동실에 보관한다. 용도에 따라 좀 더 큼직하게 어슷어슷 썰거
   나 잘게 다져서 보관해도 좋다.
   nupi's tip ― 대파는 단단하고 흰 부분이 길며 윤기 있는 것으로 선택합니
   다. 잘라 낸 뿌리 부분은 물에 충분히 담가 두었다가 부드러운 솔로 뿌리
   표면에 남아 있는 흙을 제거한 뒤 건조하여 사용합니다.

아래쪽 파처럼 뿌리 쪽에 최대한 가깝게 잘라 낸다

가 족 모 두 의 간 식

바 나 나 보 관

/

간식으로도, 식사 대용으로도 좋은 바나나는 싫어하는 사람을 찾기가 어려운 과일입니다. 부드럽고 달콤해 남녀노소에게 사랑받지요. 익은 정도에 따라 맛이 다른데, 너무 무르익기 전에 먹고 싶어도 바나나 한 송이는 제법 커서 오래 두어야 하는 경우가 많습니다. 식구 수가 많지 않다면 한 송이 사는 것이 부담스럽기도 하고요. 하지만 보관 방법에 따라 바나나가 익는 속도를 조금이나마 관리할 수 있다는 사실, 아시나요?

LIVING LIKE

- 실온에서 보관할 때에는 S자 고리를 바나나 꼭지에 걸어 선반 등에 매달아 둔다. 만약 바나나가 좀 더 천천히 익기를 바란다면 꼭지 부분을 랩으로 꼼꼼하게 씌운다.
- 좀 더 오래 두고 먹을 경우 껍질을 제거한 후 일정한 두께로 썰어 밀폐 용기에 담아 냉동보관한다. 여러 층으로 쌓으면 서로 뭉칠 수 있으니 한 층으로 가지런히 담는 것이 좋으며, 용기가 깊다면 층마다 종이포일을 깔아서 보관해야 냉동 후에도 꺼내 쓰기 편리하다. 냉동한 바나나는 갈아서 주스로 마시면 좋다.
- 바나나 껍질을 일반쓰레기로 혼동하기 쉽지만 음식물쓰레기로 분류해 버려야 한다. 바나나 껍질을 방치하면 금세 초파리가 생기므로 쓰레기통의 뚜껑은 꼭 닫아 두고, 될수록 빨리 버리는 것이 좋다.

쓰레기 분리배출

/

생활 양식이 빠르게 변하면서 요즘에는 예전과는 달리 일반쓰레기보다 재
활용품을 분리배출하는 일이 더 잦은 것 같아요. 하지만 잘못된 분리배출
로 인해 재활용되지 못하고 폐기하는 경우가 많다고 합니다. 조금 귀찮더
라도 올바른 분리배출 습관을 들이는 것은 우리 모두를 위한 일이기에 중
요해요. 정확한 정보를 확인하고, 버리기 전에 꼼꼼히 살피다 보면 금세
익숙해질 거예요.

LIVING LIKE

- 우유팩(종이팩+플라스틱 뚜껑·주입구), 통조림 캔(양철통+PP 라벨) 등 복
  합 재질로 이루어진 재활용품은 각 재질을 분리해 배출한다. 분리가
  안 될 경우 일반쓰레기로 폐기할 것.
- 비닐류에 음식물 등 이물질이 묻어 있다면 깨끗이 씻어서 버려야 한다.
- 음료 등이 들어 있던 종이팩은 내부를 물로 헹군 후 일반 폐지와 별도로
  모아 배출한다. 종이팩과 일반 폐지는 다른 용도로 재활용되기 때문.
- 유리병은 병뚜껑을 제거하고 내용물을 깨끗이 비운 후 버린다. 빈용기
  보증금 대상 유리병은 마트나 소매점에 반납하면 보증금을 환급받을
  수 있다.
- 캔류는 내부를 물로 헹군 후 가능한 한 압착해 배출한다.
- 의약품은 반드시 약국에 비치된 폐의약품 수거함에 버린다. 남은 약을
  일반쓰레기에 넣거나 하수구에 버리면 항생물질이 하천과 토양에 남
  아 생태계 교란 및 식수 오염을 야기할 수 있으니 주의할 것.

nupi's tip ─ 혼동하기 쉬운 페트와 플라스틱
보기에는 비슷해 보여도 표기가 각각 다른 페트(PET)와 플라스틱(PP)은
구분해서 버려야 해요. 페트는 내부를 물로 헹군 후 가능한 한 압착하고,
재질이 다른 뚜껑과 라벨 등을 제거한 후 배출합니다.

동물의 사료로 활용되는 음식물쓰레기

- 음식물쓰레기는 동물이 먹을 수 있느냐 없느냐에 따라 배출 방법이 달라진다. 쉽게 말해 동물이 먹을 수 있다면 음식물쓰레기, 먹을 수 없다면 일반쓰레기로 구분해야 하는 것.
- 달걀 껍데기, 호두·땅콩·밤 등의 껍질, 생선 뼈, 닭 뼈, 소와 돼지 뼈, 어패류·갑각류의 껍데기, 찻잎과 티백 등의 찌꺼기, 복숭아 등의 핵과류 씨, 흙 등의 이물질이 묻어 있는 채소 겉잎과 뿌리, 껍질 등 동물이 먹을 수 없는 것들은 반드시 일반쓰레기로 배출해야 한다. 만약 음식물쓰레기인지 일반쓰레기인지 헷갈린다면 반드시 정보를 확인해 보고 제대로 배출하자.
- 염분이 많거나 양념한 음식물은 물로 헹구고 최대한 탈수한 후 배출한다.

떡
고
사
는

일

소꿉놀이하듯 살림한다

요리를 잘하지 못해도, 알고 있는 레시피가 적더
라도, 간단히 도전할 수 있는 메뉴가 꽤 많아요.
처음은 누구나 서툴죠. 하지만 쉽고 간단한 요리
부터 하나하나 시도하다 보면 조금씩 요리하는
재미를 느낄 수 있답니다. 좀 미숙하면 어떤가요,
소꿉놀이하듯 재밌게 해 나가면 되죠. 누구에게
나 처음은 있으니까요.

제 철 무 레 시 피

/

INGREDIENTS

무피클

무 1/3개, 단촛물(물 250ml+식초 150ml+설탕 150ml+소금 1작은술) 500ml,
적환무(선택)

꿀무즙

무, 꿀(1:1 비율)

nupi's tip — 맛있는 무 오래 보관하기
무는 잎과 줄기가 싱싱하고 표면에 상처가 없는, 단단하고 묵직한 것으로 골
라야 맛있어요. 구매 후에는 세척하지 않은 상태 그대로 무를 종이로 감싼 후
보냉팩에 넣어 냉장고 과일 칸 깊숙한 곳에 보관합니다.

치킨과 함께, 무피클

1. 단촛물을 끓인 후 식히는 동안 무를 먹기 좋은 크기로 썬다.

   nupi's tip — 제철 무는 달콤한 맛이 있기에 설탕의 비율은 살짝 줄여도 좋아요.

2. 적당한 크기로 자른 무를 보관용기에 담는다. 이때 적환무 썬 것과 통후추를 함께 담아도 좋다.

3. 완전히 식은 단촛물을 부어서 냉장보관한다.

감기에 좋은 꿀무즙

1. 무를 잘게 채 썰어 소독된 유리용기에 꿀과 함께 담은 후 상온에 1시간가량 둔다.

2. 2~3일간 냉장실에서 숙성한 것을 꺼내 무는 건져 내고 즙만 보관한다.

3. 즙은 그대로 섭취하거나 따뜻한 차로 마신다.

엄 마 없 이 혼 자

나의 첫 김장

/

INGREDIENTS

10kg 배추 3통, 무 1개, 쪽파 1/2단, 청갓 1/2단,
굵은소금 1L(절임 비율 - 물 10:소금1)

김장육수
물 6L, 사과 3개, 양파 3개, 대파 3대, 다시마 10조각(손바닥 반 정도 크기),
구기자 5큰술, 말린 표고버섯(기둥 부분) 한 줌

찹쌀풀
김장육수 6컵, 찹쌀가루 6큰술

양념
김장육수 3컵, 찹쌀풀, 고춧가루 4~5컵, 새우젓 2컵,
까나리액젓 2+1/2컵(300g), 사과 2개, 양파 2개, 다진 마늘 5큰술

* 1컵=200ml

nupi's tip ─ 배추가 맛있는 시기는 11~12월 사이. 이때 김장을 계획하는 것
이 좋아요. 배추 절이는 것이 부담된다면 절임배추를 구입합니다. 김장이 한
결 편해지거든요. 절임배추는 도착한 당일에 바로 헹구고, 배추의 물기를 빼
는 동안 김장육수와 양념소를 준비합니다.

과정 1. 배추 절이기

1. 배추는 초록 잎을 제거하고 밑동에 칼집을
   살짝 낸 후 손으로 쪼갠다. 배추 크기에 따라
   1/2 혹은 1/4로 나눈다.

2. 준비한 소금의 반은 배추 안쪽 줄기에 고루
   뿌리고, 나머지 반은 물 9~10L에 풀어 소금
   물을 만든 후 배추를 담가 절인다(동절기 기
   준 8~12시간).

3. 중간중간 배추의 앞뒷면을 바꿔 주며 고루
   절인 후 두툼한 속대 하나를 꺾어 절임 정도
   를 확인한다. 꺾었을 때 똑 부러지지 않고 유
   연하게 접히면 잘 절여진 것.

4. 흐르는 물에 담가 2회 정도 헹군다.

5. 배추를 채반에 올려 반나절 정도 두고 천천
   히 물기를 뺀다.

과정 2. 김장육수 끓이고 찹쌀풀 쑤기

1. 준비한 김장육수 재료를 모두 넣고 끓인다. 물이 끓으면 다시마를 건져 내고 30분간 더 가열한 후 불을 끄고 식힌다.
2. 체로 건더기를 걸러 내면 김장육수 완성. 찹쌀풀 만드는 데 쓸 것과 양념에 들어갈 것을 필요한 분량만큼 따로 나누어 둔다.
3. 식은 김장육수 6컵에 찹쌀가루 6큰술을 넣고 가루를 잘 갠다.
4. 중약불에 올려 걸쭉해질 때까지 수저로 저어 가며 끓인다.
5. 걸쭉해진 찹쌀풀을 충분히 식힌다.

과정 3. 양념소 만들어 김치 버무리기

1. 김장육수 3컵과 새우젓, 까나리액젓, 사과, 양파, 다진 마늘을 믹서에 넣고 곱게 간다.
2. 다 간 것을 고춧가루, 찹쌀풀과 함께 섞는다.
3. 무는 가늘게 채 썰고 쪽파와 청갓은 무 한 가락 길이에 맞춰 자른 후 큰 통에 담아 앞서 만든 양념과 함께 버무린다.

4. 배춧잎에 양념을 골고루 문지르듯 넣는다. 줄기 위주로 양념을 넣고 이파리 부분에는 가볍게 발라 준다.
5. 배추의 가장 바깥쪽 큰 이파리로 전체를 감싸 김치통에 켜켜이 담는다.
6. 김치통을 반나절 정도 그늘에 둔다. 발효되는 냄새(익어 가는 냄새)가 나기 시작하면 김치냉장고에 넣어 천천히 익힌다.

겨 울 손 님   대 접 엔

밀푀유나베

/

INGREDIENTS

• **2~3인 기준**

샤부샤부용 고기 600g, 배춧잎 7~8장, 깻잎 10장, 표고버섯 3개,

육수(물 500ml+쯔유 2큰술+맛간장 1.5큰술)

HOW TO

1. 순서대로 배춧잎, 고기, 깻잎을 한 층씩 켜켜이 쌓는다.

2. 냄비에 세워서 넣었을 때 쏙 들어가도록 냄비 높이보다 작은 크기로 썬다.

3. 냄비 가장자리를 따라 단면이 보이도록 세워서 넣는다.

4. 가운데의 남는 공간엔 배추 자투리나 칼집 낸 표고버섯 등을 넣어 장식한다.

5. 육수를 붓고 모든 재료가 익을 때까지 끓인다.

   nupi's tip ― 완성된 밀푀유나베를 땅콩소스나 피시소스, 스위트칠리소스 등에 찍어 먹으면 더욱 맛있어요.

겨 울 의 맛

제 철 조 개 레 시 피

/

INGREDIENTS

가리비치즈구이

가리비 1kg, 모차렐라 200~300g, 다진 파프리카 1큰술,
다진 양파 1큰술, 레몬즙 조금

굴전

굴 1kg, 부침가루 3~4큰술(혹은 밀가루나 튀김가루, 전분 등으로 대체),
계란 2개, 다진 파 1큰술

HOW TO

가리비 손질

1. 여느 조개류와 손질법이 동일하다. 뚜껑이 있는 불투명한 용기에 소금
물을 만든 후 가리비를 넣어 1시간 정도 해감한다.
   nupi's tip — 소금물은 물 500ml당 소금 1큰술을 넣어 만듭니다.

2. 거친 솔로 문질러 껍질에 붙은 불순물을 제거하고 흐르는 물에 깨끗이
세척한다.

굴 손질

1. 굴을 소금물에 담가 나무젓가락으로 가볍게 저어 준 뒤 체망으로 건져
내고 찬물에 2회 더 세척한다.

2. 체에 받쳐 굴의 물기를 제거한다.

nupi's tip — 온라인 직거래 마켓을 이용하면 제
철 수산물을 편리하게 구매할 수 있어요. 산지에
서 채취한 것을 직송해 주기 때문에 더욱 신선하
고요. 시장에 가서 직접 구매할 때에는 껍데기가
벌어졌거나 전혀 움직이지 않는 것은 피해야 하
며, 껍데기에 광택이 도는 것으로 고릅니다.
* 온라인 직거래 마켓 : 삼삼해물, 백년밥상 등

쫄깃 고소, 가리비치즈구이

1. 손질한 가리비의 껍데기 한쪽을 칼로 제거
   한다.
2. 거뭇한 내장을 손으로 떼어 낸다.
3. 찜기에 물과 청주 1큰술을 넣고 가리비를 올
   린다. 가리비에는 레몬즙을 약간 뿌린 후 가
   열해 70% 정도를 익힌다. 점점 익으면서 투명
   한 조갯살이 불투명해지고 크기도 줄어든다.
4. 익힌 가리비 위에 잘게 다진 파프리카와 양
   파, 그리고 모차렐라를 올린다.

5. 예열한 200도 오븐에서 10분 정도 굽는다.
   치즈가 노릇해지면 완성. 오븐이 없다면 프
   라이팬에 종이포일을 깐 후 가리비를 올리
   고, 뚜껑을 덮어 치즈가 충분히 녹을 때까지
   가열한다.

nupi's tip — 가리비는 관자의 양면이 양쪽 껍
데기에 붙어 있어요. 1번 과정에서 가리비의
한쪽 껍데기를 제거하는 대신 칼로 관자를 반
으로 갈라 가리비 하나를 2개로 얇게 나눈 후
치즈를 올려 구워 내도 좋답니다.

겨울 영양식, 굴전

1. 손질한 굴을 키친타월 등에 올려 물기
   를 최대한 제거한다.
2. 물기를 제거한 굴에 부침가루를 넣고
   가볍게 버무린다.
3. 부침가루 입힌 굴에 계란과 다진 파를
   추가해 다시 버무린다.
4. 프라이팬에 기름을 두르고 계란물 입
   힌 굴을 하나씩 올려 부친다.

과카몰리

/

INGREDIENTS

아보카도 1개, 다진 양파 1큰술, 다진 토마토 2큰술,
레몬즙(혹은 라임즙) 1/2큰술, 소금·후추 조금

HOW TO

1. 아보카도 중앙에 칼집을 넣은 뒤 양쪽을 잡고 서로 반대 방향으로 비틀어 반으로 쪼갠다.

2. 이번에는 씨의 중앙에 칼을 밀어넣은 상태로 살짝 돌려 씨를 제거한다.

3. 칼끝으로 아보카도의 껍질을 살짝 벗겨 낸 후 손으로 잡아당겨 제거한다. 복숭아 껍질을 까는 것과 비슷하다. 껍질을 제거한 아보카도는 칼로 잘게 다진다.

4. 토마토는 속을 파내고 물기를 최대한 없앤 후 채 썬다. 양파는 잘게 다져서 찬물에 담가 매운맛을 제거한 후 물기를 뺀다.

5. 잘게 다진 아보카도와 토마토, 양파에 레몬즙을 넣고 섞는다. 소금과 후추로 간하여 마무리.

nupi's tip — 잘 익은 아보카도는 껍질이 갈색빛을 띠며, 손으로 살짝 누르면 부드럽게 눌립니다. 과숙한 것은 씨와 껍질 부위부터 금세 상하므로 먹을 만큼만 구매하는 것이 좋아요. 오래 보관하고 싶다면 하나씩 종이로 감싼 후 보냉팩에 넣어 냉장고 깊숙한 곳에 둡니다. 최대 한 달까지 보관할 수 있는 방법이에요.

홍 차 의 맛

향 기 로 운 밀 크 티

/

INGREDIENTS

밀크티 냉침(2~3인)

우유 500ml, 물 100ml, 홍차 잎 20g, 각설탕 5~6조각(약 30g)

HOW TO

1. 물이 끓으면 찻잎과 각설탕을 넣은 후 바로 불을 끈다. 찻잎을 넣은 채
   로 계속 가열할 경우 맛이 떫고 텁텁해지므로 반드시 불을 끌 것.

   nupi's tip — 설탕의 양은 기호에 따라 조절합니다. 이 레시피를 따른다면
   단맛이 은은하게 감도는 밀크티가 완성됩니다. 설탕은 소량이라도 꼭 넣
   어야 비릿한 우유 맛을 잡을 수 있어요. 비정제설탕을 사용하면 맛이 한층
   좋아집니다.

2. 끓인 찻잎을 보관용기에 옮겨 담는다. 찻잎은 5분 이내, 티백이라면 2분
   이내로 차를 우려낸 후 우유를 넣는다. 이 상태로 최소 반나절에서 하루
   정도 냉장보관한다.

3. 그 후 냉장고에서 꺼내 찻잎을 체망에 걸러 내고 밀크티는 밀폐용기에
   담아 냉장보관하며 먹는다. 2~3일 이내로 섭취하는 것이 좋다.

   nupi's tip — 차갑게 보관한 밀크티는 따뜻하게 데워서 마셔도 좋습니다.
   따끈하고 맛있는 밀크티를 즐기고 싶다면 잔과 티포트 내부도 뜨거운 물
   로 미리 예열해 두세요.

각설탕 라빠르쉐(La Perruche) 앵무새설탕 / 홍차 잎 요크셔골드 잎차

또 다른 홍차 음용법

스트레이트 홍차(1인)
1. 98도 이상의 뜨거운 물 200ml에 홍차 잎 2g(혹은 티백 1개)을 넣고 2분 정도 우려낸다.
2. 취향에 따라 시럽이나 설탕, 시나몬, 레몬 등을 더해 마신다.

따뜻하게 바로 마시는 밀크티(1인)
1. 밀크팬에 우유 200ml를 넣고 중불로 끓인다.
2. 우유가 따뜻해지면 홍차 잎 3g을 넣고 5분간 약불에서 끓인다. 이때 밀크팬 바닥에 우유가 눌어붙지 않도록 이따금 저어 준다.
3. 라빠르쉐 설탕 1~2조각을 넣는다. 설탕은 취향에 따라 가감한다.
4. 설탕이 녹으면 불을 끄고 거름망에 잎차를 걸러 낸 후 밀크티를 찻잔에 담아 마신다.

찻잔 세트 노리다케 제품

조
미
료
홈
메
이
드

요리에 두루 쓰이는 조미료, 건강한 레시피로 직접 만들어 볼까요? 요리용 육수를 큐브 형태로 냉동보관해 두면 그때그때 요긴하게 꺼내 쓸 수 있답니다. 육수큐브를 만들어 둘 때에는 물을 적게 넣고 우리는 것이 중요해요. 작은 큐브 한두 개로도 요리 하나를 거뜬히 만들 수 있는 농도가 되도록 말이에요.

육수큐브 만들기

INGREDIENTS

물 1.5L, 멸치 30g, 디포리 30g, 다시마 5~6개, 양파 1개, 파 1대, 무 1/4개(약 200g), 청주 1큰술, 실리콘 얼음틀(칸의 가로세로 사이즈가 4cm 이상인 것)

1. 멸치는 내장을 제거하고 팬에 올린 후 기름 없이 살짝 볶아 비린내를 없앤다. 채소들은 4등분해 준비한다.
2. 멀티포트에 물과 모든 재료를 함께 넣고 끓인다. 이때 다시마를 가장 위에 올릴 것. 다시마를 오래 끓이면 쓴맛이 날 수 있다.
3. 물이 끓으면 다시마를 건져 내고 나머지 재료는 약불에 20~30분 정도 더 끓여 충분히 우린다.
4. 불을 끄고 완전히 식힌다.
5. 건더기를 건져 낸 후 얼음틀에 육수를 담아 냉동보관한다.
6. 육수가 큐브 형태로 얼면 밀폐용기나 지퍼백 등에 옮겨 담아 보관해도 좋다.

실리콘 얼음틀 티제이홈 제품

맛간장과 쯔유, 한번 만들어 두면 두고두고 유용하지요. 재료 종류가 많아질수록 맛이 더 풍부해지기 때문에 욕심을 내기도 하지만 가지고 있는 식재료들로도 간단히 만들 수 있어 좋답니다. 맛간장은 그냥 간장 대신 각종 요리에 두루 활용할 수 있으며, 쯔유는 일본식 간장인 만큼 소바나 우동, 볶음 등과 잘 어울립니다.

맛간장·쯔유 만들기

INGREDIENTS

＊2L 이내 분량 기준 · 1컵=200ml

멸치 20g, 디포리 20g, 다시마 30g, 양파(중간 크기, 약 150g) 1개, 대파 1대(약 100~150g), 간장 1L, 물 2컵, 맛술 2컵, 청주 1컵, 설탕 1컵, 가쓰오부시 30g

1. 내장을 제거한 멸치를 디포리와 함께 체망에 담고 흔들어 가루를 털어 낸다. 그 후 200도 오븐에 10분간 굽거나 팬에 살짝 볶아서 물기와 비린내를 없앤다.
2. 양파는 4등분하고 대파도 큼지막하게 일정한 길이로 썰어 불에 직접 굽거나 기름을 두르지 않은 팬에서 그을리듯 굽는다.
3. 멀티포트에 간장을 제외한 모든 재료를 넣고 30분에서 1시간가량 방치한 후 끓인다. 보글보글 끓어오르면 다시마를 건져 내고 약불로 줄여 나머지 재료는 15~20분쯤 더 끓여 충분히 우린다.
4. 간장을 넣고 10분 더 끓이면 맛간장 완성. 불을 끄고 한 김 식힌 후 건더기를 건져 내고 유리용기에 담아 냉장보관한다.
5. 맛간장에 설탕과 가쓰오부시를 추가하면 쯔유가 된다. 4번 과정에서 불을 끄고 곧바로 가쓰오부시를 넣은 후 10분 이내로 건져 낸다.
6. 마지막으로 설탕을 추가한다. 설탕이 잘 녹아야 하므로 간장이 너무 식지 않은 상태에서 넣을 것. 기호에 따라 설탕의 양을 늘려도 좋다. 완성된 쯔유는 한 김 식혀 유리용기에 담아 냉장보관한다.

시중에 다양한 허브소금이 판매되고 있지만 성분을 잘 살펴보면 상당수 msg와 같은 합성 조미료가 함유되어 있어요. 소금과 몇 가지 향신료만 있으면 내 입맛에 맞게 직접 만들 수 있는데, 굳이 합성 조미료가 들어간 허브소금을 구매할 필요가 있을까요? 마늘가루와 양파가루, 파슬리 정도만 넣어도 꽤 근사하고 맛깔스러운 허브소금이 완성된답니다. 특히 고기나 담백한 볶음에 아주 잘 어울려요.

허브소금 만들기

INGREDIENTS

소금, 구운마늘가루, 구운양파가루, 파슬리가루

1. 소금과 나머지 향신채 가루를 5:1 비율로 맞추어 거품기로 골고루 섞는다. 기호
   에 따라 비율을 조절해도 좋다.
2. 완성된 허브소금은 밀폐용기에 보관한다.

   nupi's tip — 허브소금은 보통 상온에 보관하며 자주 사용하므로 허브소금을 만들
   재료는 최대한 건조된 상태의 것으로 준비해 주세요. 수분이 적은 암염(히말라야핑
   크소금 등)이 좋으며, 천일염과 같이 수분을 함유한 소금은 팬에 볶아 사용합니다.
   향신채 가루 역시 완전히 건조된 것으로 사용해야 잘 굳지 않아요. 또 한 가지, 허브
   소금을 만들 때 후추는 넣지 않습니다. 후추는 가열 시 발암 물질이 나오므로 조리
   가 끝난 음식에 살짝 뿌려 먹어야 합니다.

구운마늘가루, 구운양파가루, 파슬리가루 simply organic 제품

자주 먹지는 않아도 막상 없으면 아쉬운 쌈장과 초장. 집에 있는 된장과 고추장, 각종 향신료를 가지고 간단히 만들 수 있어요. 매일 꺼내 먹는 양념이 아니기 때문에 오래 보관하고 싶다면 향신채는 생것 대신 건조된 가루 형태를 사용하는 편이 좋습니다.

쌈장 만들기

된장 6큰술, 고추장 4큰술, 매실청 6큰술, 구운마늘가루 1큰술, 구운양파가루 1큰술, 깨 0.5큰술을 잘 섞는다.

- 기호에 따라 배합 비율을 달리해도 좋다. 단, 생채소나 콩, 견과류 등을 넣으면 보관 기간이 짧아지므로 먹기 직전에 추가할 것.
- 마늘과 양파를 생것으로 사용할 경우 가루와 같은 분량으로 대체한다. 이때는 하루 정도 냉장실에 두었다가 먹는다.

초장 만들기

고추장 3큰술, 고운 고춧가루 2큰술, 설탕 3큰술, 레몬즙 3큰술, 식초 3큰술, 미림 1큰술, 매실청 1큰술을 잘 섞는다.

- 만든 후 하루 정도 냉장실에 두었다가 먹는다.

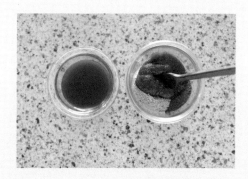